机器人工程应用专家推荐必备技能丛书

# 图解C#语言智能制造与机器人工业软件开发入门教程

叶 晖 编 著

机械工业出版社

本书介绍了13个项目，通过有一定C语言应用基础的现场工程师吴工在叶晖老师的指导下，学习使用C#语言开发一个工业APP来解决工业机器人现场应用的全过程，使读者在同步跟随吴工一起学习和开发软件的过程中，不知不觉就掌握了使用C#编程语言对智能制造设备进行工业APP开发的基本方法。本书配套了教学视频、试题模板和课件，通过关注公众号“叶晖yehui”获取。

本书适合从事智能制造设备工业APP开发，特别是有一定ABB工业机器人应用经验的工程技术人员阅读参考，也可供普通高校和高职院校相关专业学生学习使用。


**图书在版编目（CIP）数据**

图解C#语言智能制造与机器人工业软件开发入门教程/叶晖编著. —北京：机械工业出版社，2023.7（2024.6重印）

（机器人工程应用专家推荐必备技能丛书）

ISBN 978-7-111-73137-5

Ⅰ. ①图… Ⅱ. ①叶… Ⅲ. ①C语言—程序设计—图解 ②工业机器人—程序设计—图解 Ⅳ. ① TP312.8-64 ② TP242.2-64

中国国家版本馆CIP数据核字（2023）第083941号

机械工业出版社（北京市百万庄大街22号　邮政编码100037）

策划编辑：周国萍　　责任编辑：周国萍　刘本明

责任校对：肖　琳　张　薇　　封面设计：马精明

责任印制：刘　媛

涿州市般润文化传播有限公司印刷

2024年6月第1版第2次印刷

184mm×260mm・9印张・149千字

标准书号：ISBN 978-7-111-73137-5

定价：59.00元

电话服务

客服电话：010-88361066

010-88379833

010-68326294

网络服务

机　工　官　网：www.cmpbook.com

机　工　官　博：weibo.com/cmp1952

金　　书　　网：www.golden-book.com

机工教育服务网：www.cmpedu.com



**封底无防伪标均为盗版**

# 前言 / Preface

生产力的不断进步推动了科技的进步与革新，建立了更加合理的生产关系。自工业革命以来，人力劳动已经逐渐被机械所取代，而这种变革为人类社会创造出了巨大的财富，极大地推动了人类社会的进步。时至今天，机电一体化、机械智能化等技术应用又使得生产力在之前的基础上突飞猛进，新一轮科技革命和产业变革蓬勃兴起，数字技术快速发展。

关于C#编程方面的教程和技术资料已经非常多，但如何具体使用C#编程语言对智能制造设备进行工业APP开发还是一个空白。为了让读者少走弯路，更快上手，本书介绍了13个项目，通过有一定C语言应用基础的现场工程师吴工在叶晖老师的指导下，学习使用C#语言开发一个工业APP来解决工业机器人现场应用的全过程，使读者在同步跟随吴工一起学习和开发软件的过程中，不知不觉就掌握了使用C#编程语言对智能制造设备进行工业APP开发的基本方法。

读者通过对本书的学习，不但能学会使用C#编程语言对工业机器人进行工业APP开发，而且能把使用C#编程语言开发软件的能力迁移到其他智能制造设备上去，实现举一反三的效果。

本书提供每一个项目的程序代码和工业机器人工作站文件，读者可以通过关注作者的微信公众号“叶晖yehui”获取。每个项目最后提供专门的测试题，供读者检验所学知识是否掌握。

为了方便本书作为教学使用，我们还配套了教学视频、试题模板和课件，也是通过关注微信公众号“叶晖yehui”获取。当前技术迭代更新速度飞快，我们会根据技术的变化定期更新相关的教学视频。

我们推荐读者按照以下的流程进行学习：跟随书中的吴工，由浅入深一步步地进行问题的解决，按照书中提供的代码将项目跟着做一遍，书中对每个项目涉及的知识点都有详细说明；理解后，只看问题重新做一遍；最后使用每个项目最后的测试题挑战一下自己，对知识点进行巩固与加强。

本书的内容简明扼要、图文并茂、通俗易懂，适合从事智能制造设备工业APP开发，特别是有一定ABB工业机器人应用经验的工程技术人员阅读参考，也可供普通高校和高职院校开设了智能制造和机器人相关专业的师生使用。

尽管作者主观上想努力使读者满意，但书中肯定还会有不尽如人意之处，欢迎读者提出宝贵的意见和建议。

作　者

# 目录 / Content

# 项目1 用C#开发一个工业软件解决生产线的问题

## 学习目标

- ✧ 掌握Visual Studio的下载与安装方法。
- ✧ 了解用C#的WinForms开发工业软件的优势。

## 任务1-1　现状把握

叶老师：吴工，在忙什么？中午饭都不吃啦！

吴　工：叶老师，今天生产线的操作工又把示教器弄坏了（图1-1），这个星期已经是第二个了，我在到处找备件换上去，要不然生产线就要停产了。

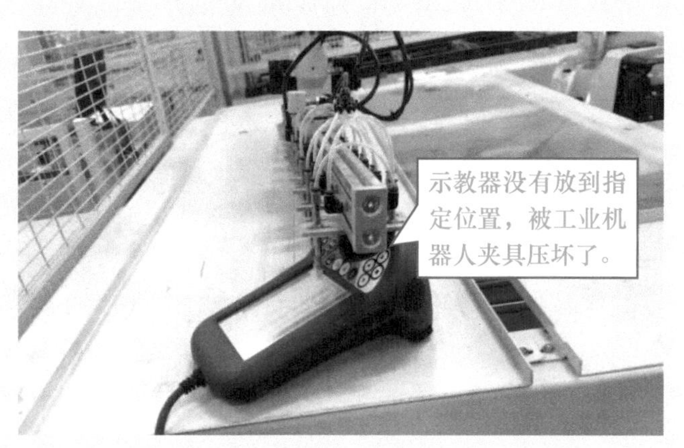


图1-1　工业机器人夹具压坏示教器

叶老师：在正常的自动生产状态下，最好将示教器收起来，不让操作工去操作示教器。当工业机器人需要调整或维护时，再将示教器拿出来由技术工程师操作。

吴　工：我也是这么想的，但是工业机器人自动运行程序的启动/停止控制都需要操作工在示教器上完成。如果有不用示教器就能进行工业机器人启动/停止的操作方法就好了，最好是在计算机上进行，因为这台工业机器人系统就配了一台计算机与工业机器人进行数据通信。

叶老师：这个要求不难！给我60分钟，我给你定制开发一个如图1-2所示的工业机器人启动/停止控制软件。

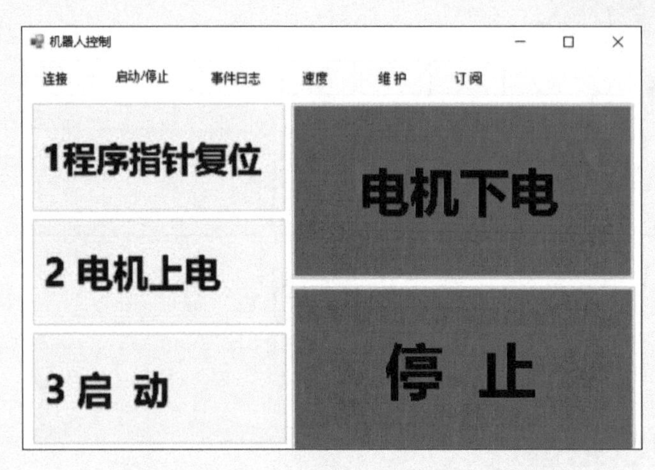


图1-2　工业机器人启动/停止控制软件

吴　工：叶老师，这个软件好实用。我现在可以将示教器收起来了。叶老师，我想请教一下，是不是还能开发更多工业机器人控制功能方面的软件呢？

叶老师：当然！这个软件我是用C#语言的WinForms开发出来的，它可以实现各种对工业机器人功能的控制。

吴　工：叶老师，我也想学如何在工业领域里使用C#语言编程，你能教教我吗？

叶老师：可以。但是你要下班后，利用休息时间进行学习。你能吃这个苦吗？

吴　工：没问题，我已经充满斗志了。

叶老师：那我们就现在开始由浅入深一步步来掌握使用C#语言进行工业软件的开发方法吧。

## 任务1-2　实施

### ▶ 1-2-1　下载社区版Visual Studio

叶老师：吴工，我们登录MICROSOFT的Visual Studio网页来下载一个IDE，地址是https://visualstudio.microsoft.com。

吴　工：叶老师，这里有几个版本，我应该怎么选？

**叶老师**：我们选择Windows平台的Visual Studio，它有三个版本，选择免费的Community版本就够用，现在已更新到2022，以后有更新的版本时，选最新的就好。图1-3所示为下载社区版Visual Studio。

图1-3 下载社区版Visual Studio

## ▶ 1-2-2 部署工业软件的开发环境

下载下来的只是一个安装向导程序，下面演示一下安装的过程：

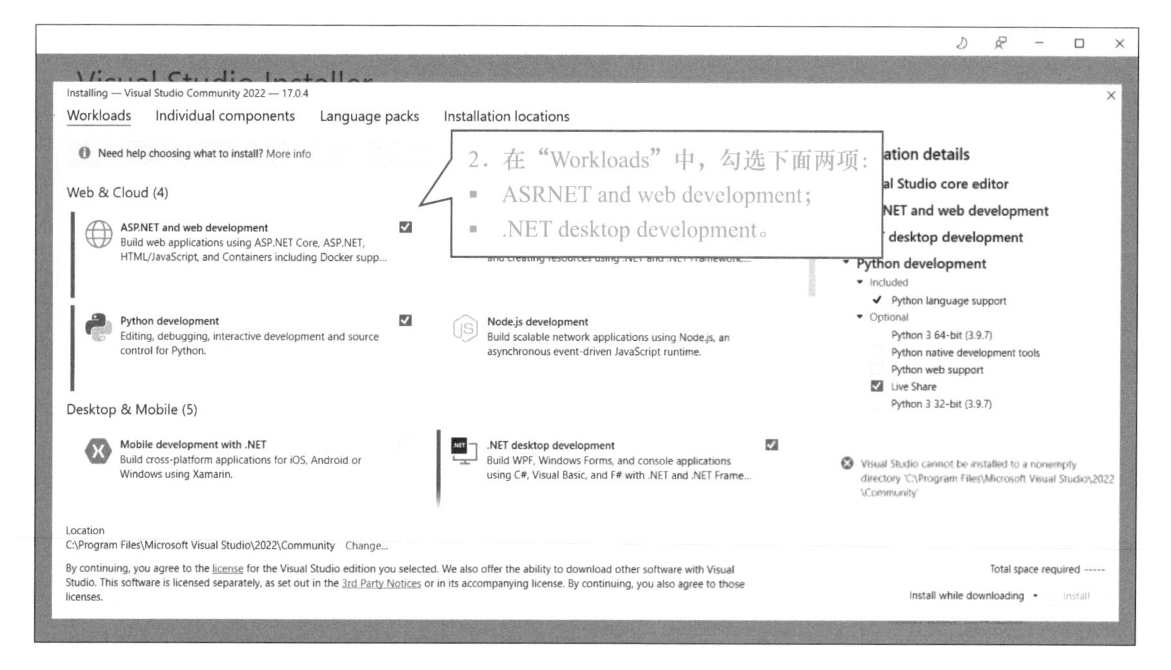

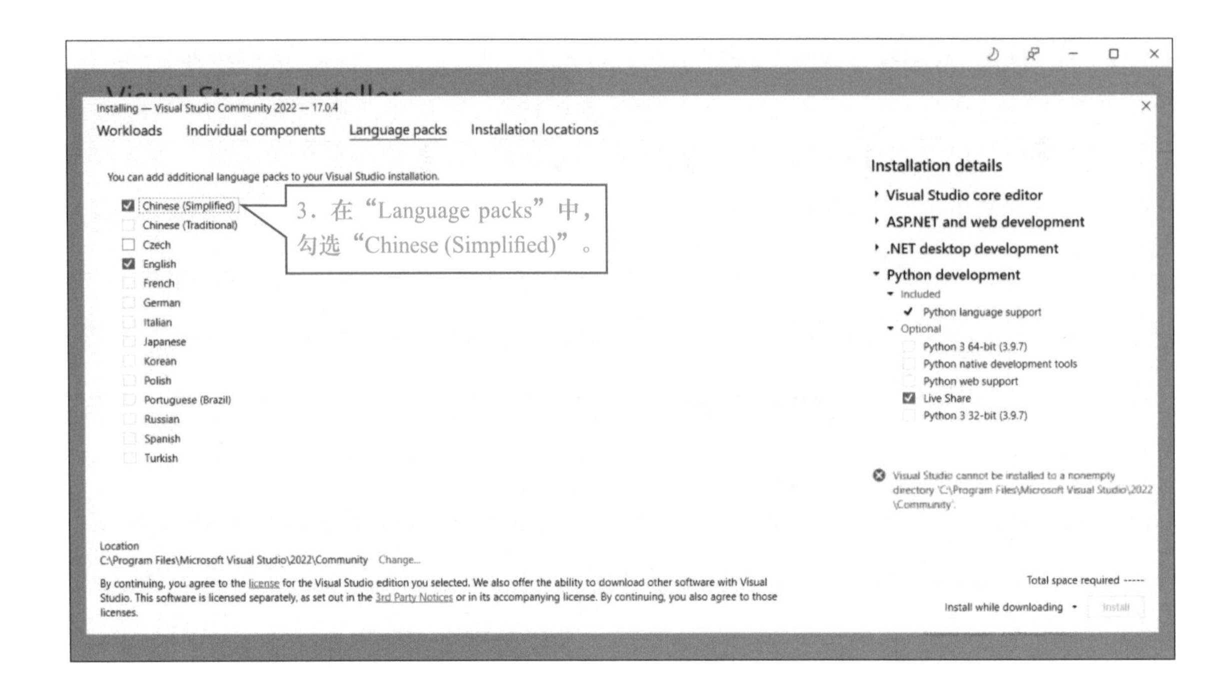


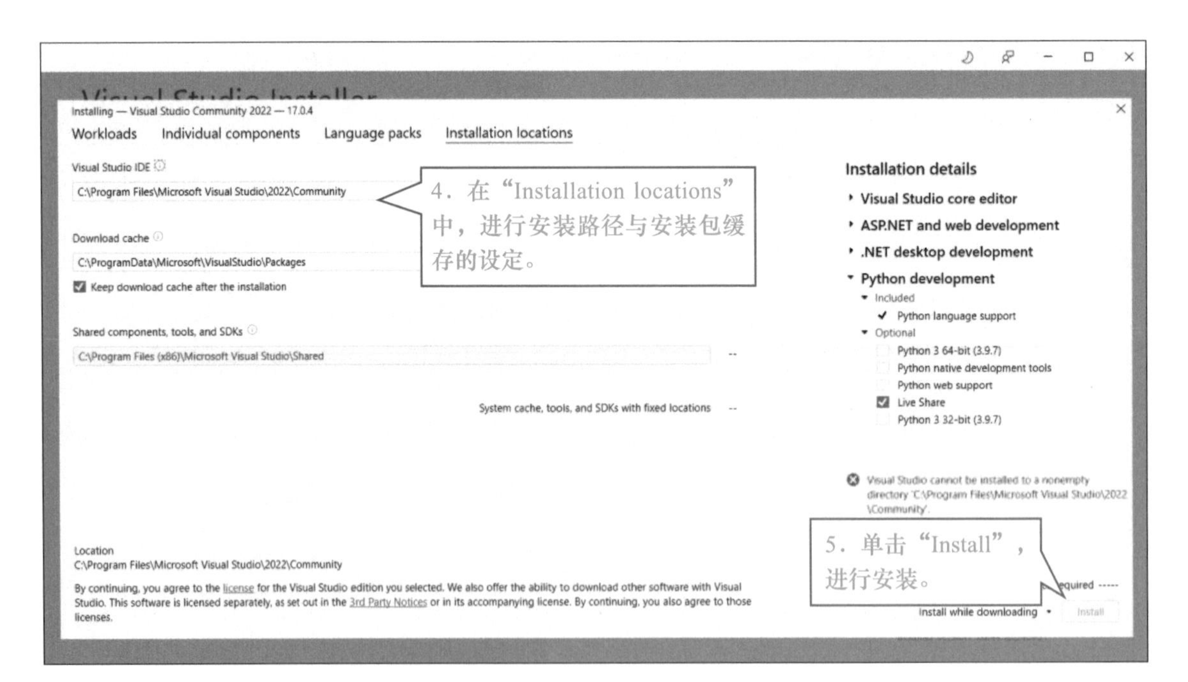


**吴　工：**叶老师，我已经装好了。

**叶老师：**恭喜你！已经成功地踏出了工业软件开发的第一步。

# 任务1-3 梳理知识点

## ▶1-3-1 C#的特点是什么

吴　工：叶老师，能给我介绍一下C#的特点吗？

叶老师：C#是微软公司发布的一种由C和C++衍生出来的面向对象的编程语言，也是运行于.NET Framework和.NET Core（完全开源，跨平台）之上的高级程序设计语言。它具有如下特点。

1）C#是一种安全的、稳定的、简单的面向对象的编程语言。它在继承C和C++强大功能的同时去掉了一些它们的复杂特性，例如没有宏以及不允许多重继承。

2）C#综合了VB简单的可视化操作和C++的高运行效率，以其强大的操作能力、优雅的语法风格、创新的语言特性和便捷的面向组件编程的支持成为.NET开发的首选语言。

3）C#编程语言可使程序员快速地编写各种基于强大的MICROSOFT .NET平台的应用程序，MICROSOFT .NET提供了一系列的工具和服务来方便软件的开发。

4）C#与C/C++具有极大的相似性，熟悉类似语言的开发者可以很快地上手使用C#。C#可调用由 C/C++ 编写的本机原生函数，而绝不损失C/C++原有的功能，让C++程序员可以高效地开发C#程序。

吴　工：叶老师，我们都是学机电专业的，一般只会PLC编程。零基础学C#会不会很难？

叶老师：不用害怕！C#是由C和C++衍生出来的，建议你可以先看看机械工业出版社出版的《图解C语言智能制造算法与工业机器人编程入门教程》（图1-4），然后再来学习C#就会轻松很多。

图1-4 《图解C语言智能制造算法与工业机器人编程入门教程》

### ▶ 1-3-2 工业软件为什么会选C#来开发

吴　工：叶老师，我看完《图解C语言智能制造算法与工业机器人编程入门教程》后，如何开始C#的学习呢？

叶老师：C#的功能非常强大，有无限的可能，有限的只是你的想象力。工业软件的开发由浅入深，可以从使用C#的WinForms图形化开发开始。我给你做的工业机器人启动/停止控制软件就是使用C#的WinForms开发的。

C#的WinForms具有以下的优点，使得它成为Windows平台工业软件开发的首选：

1）用户体验好：工业软件界面相对来说以功能实现为主，不需要酷炫的特效。由WinForms开发的软件，用户体验更好，而且界面响应速度也比现在流行的Web界面更快捷一些。

2）开发效率高：WinForms的界面开发起来非常方便快捷，结合界面套件，可以做出非常棒的界面效果。

## 任务1-4 挑战一下自己

吴　工：叶老师，目前遇到的问题我都弄明白了，并找到解决的方法。

叶老师：那我就要考考你了？

吴　工：没问题，请出题吧！

- ○ 简述Visual Studio的安装过程。
- ○ 工业软件为什么会选C#来开发？

# 项目2 开发一个简单实用的工程换算软件

## 学习目标

- ✧ 认识.NET Framework。
- ✧ 理解WinForms控件的设置技巧。
- ✧ 理解Form1.cs的构成。
- ✧ 理解什么是命名空间。
- ✧ 理解什么是类、方法和属性。
- ✧ 理解C#的数据类型。
- ✧ 理解C#的算术运算符。
- ✧ 掌握事件的运用。
- ✧ 掌握开发一个简单实用的工程换算软件的操作。

## 任务2-1 现状把握

吴　工：这个周末计划为液压站定期更换液压油，有些进口设备用的是美国的加仑作为计量单位。我将加仑换算成升，以方便统计用油量。请再等我5分钟就可以搞定了。如图2-1所示。

图2-1　液压站液压油的单位换算

**叶老师**：我们的学习就从开发一个美加仑/升的工程单位换算工业软件（图2-2）开始吧！这样，工作与学习两不误，也为以后的换算提高工作效率，如何？给我30分钟，我将这个程序先开发出来给你试用一下。

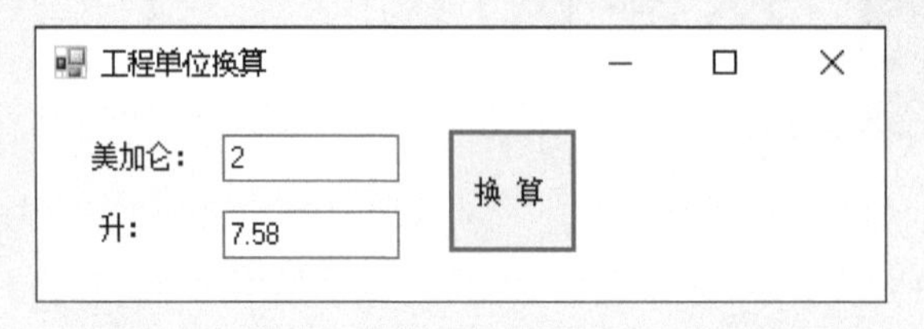


图2-2　美加仑/升的工程单位换算工业软件

**吴　工**：我就是要这样的一个软件，简单实用！叶老师，我们开始学习吧！

## 任务2-2　实施

**叶老师**：吴工，你跟着我的步骤进行操作，不能马上理解的地方请记录下来，后面集中给你讲解。

**吴　工**：好的，叶老师。

### ▶ 2-2-1　创建一个WinForms的窗体

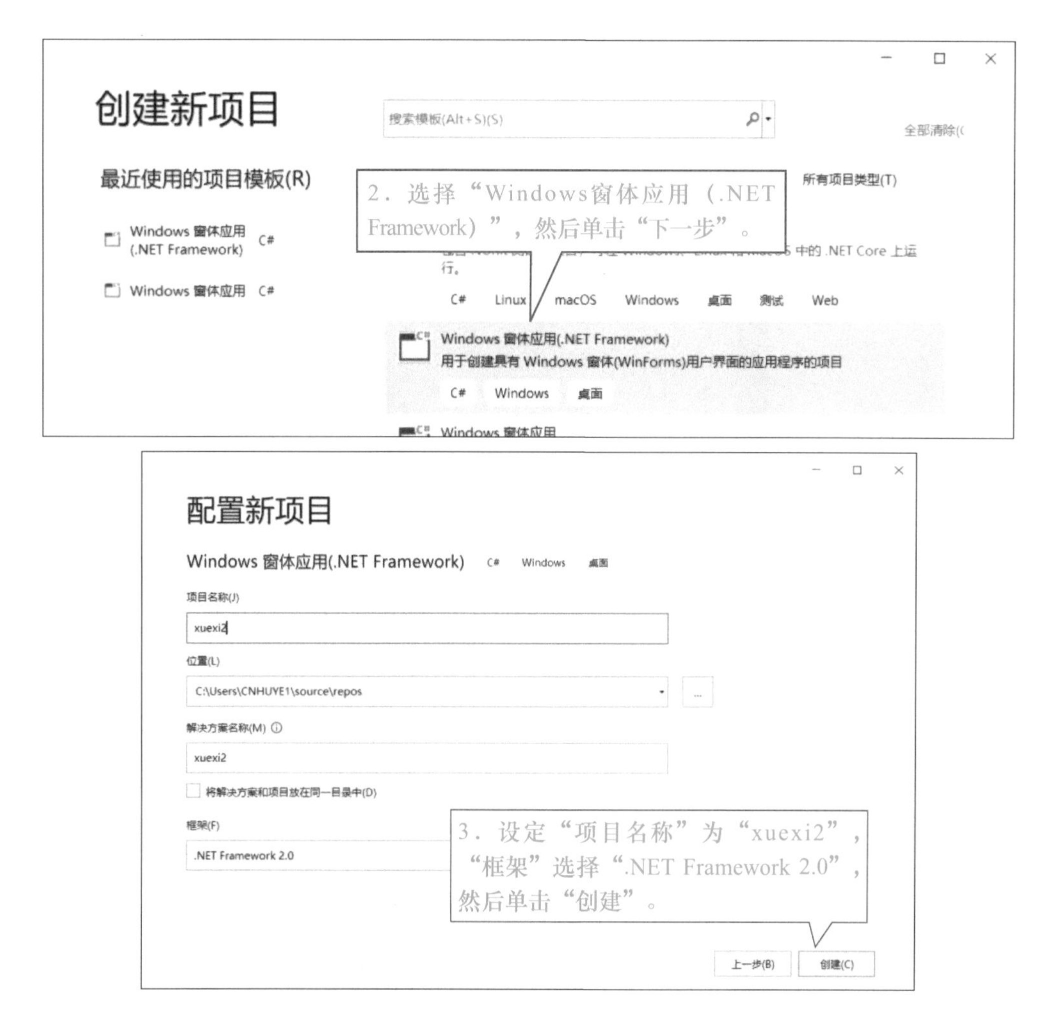


这里，就是我们要开发的软件的编程环境。一开始的时候，打开的是一个空白的窗体，窗体是用来承载软件内容的容器，我们先给这个窗体起一个响亮贴题的名字，就叫"工程单位换算"。

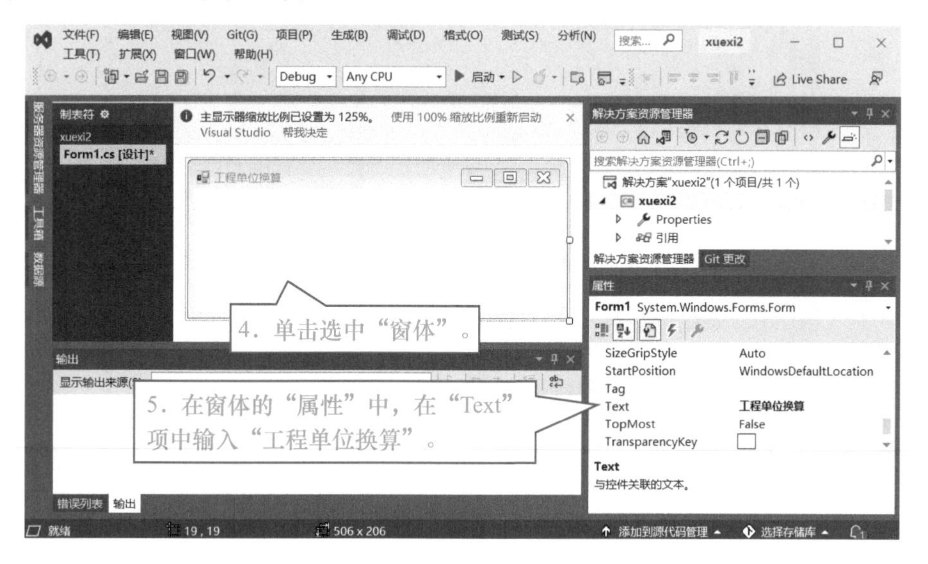

到这里，就算是完成一个最基本的软件了，可以实现的功能是显示刚才输入的两个文本。下面我们来测试运行一下看看效果。

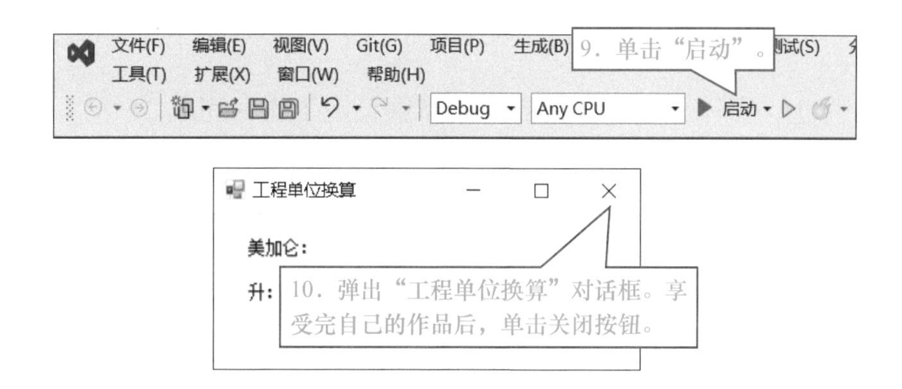


## ▶ 2-2-2　添加互动的TextBox控件

在添加好说明性文字后，接着是往窗体里添加接受数据输入的TextBox控件。具体操作如下：

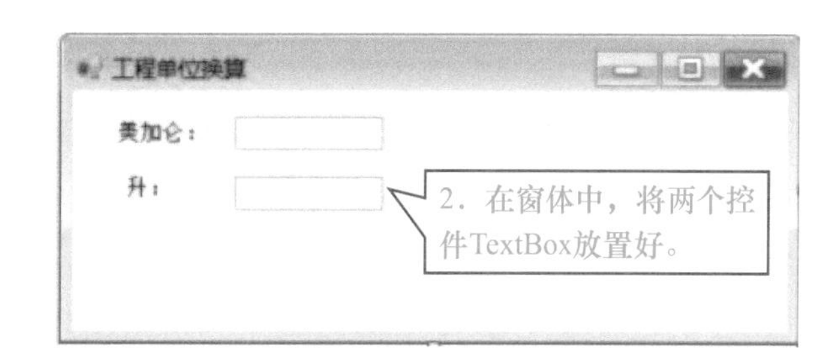


## ▶ 2-2-3　添加换算功能按钮的Button控件

在接收数据后，我们要添加一个按钮来启动这个换算功能的实现。具体操作如下：

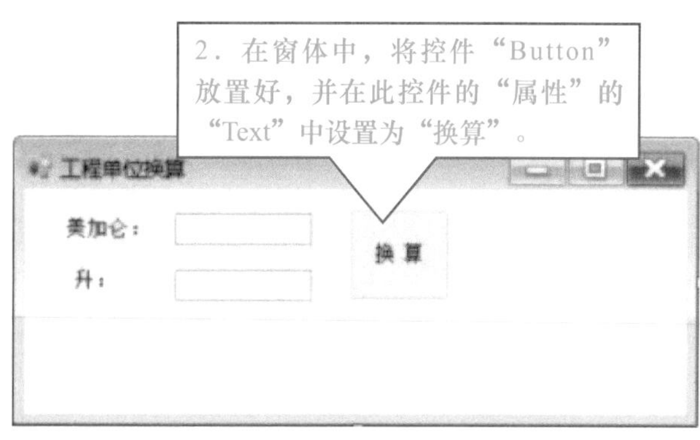

到这里为止，窗体上的可视化控件的布置设定工作就完成。

## ▶ 2-2-4　编写代码实现换算功能

窗体中看到的控件用于与人进行互动交流，这需要后台进行编程来完成这个软件接收数据进行运算后将结果进行显示的过程。

在编程时，每个控件都有一个唯一的名字，当程序变复杂之后，可以根据需要进行修改，但是要遵循一定的命名规则。

我们就以按钮控件为例，软件中“换算”按钮的名字对应的是“属性”中的“（Name）”。下面都以属性中的（Name）作为标识进行说明，如图2-3所示。

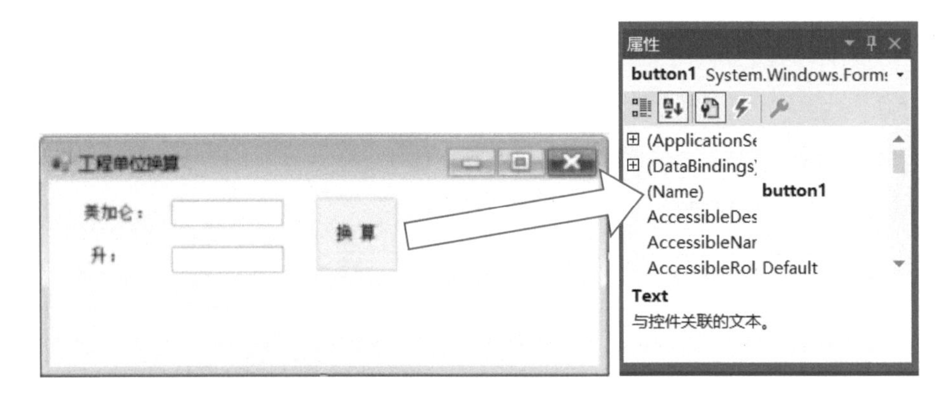


图2-3　按钮控件的属性（Name）

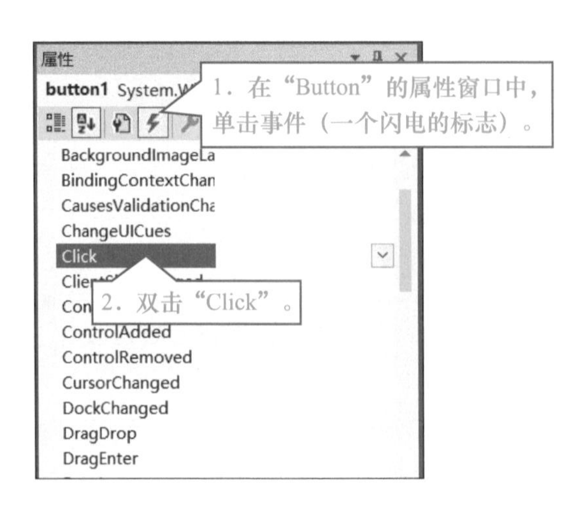

```
using System;
using System.Collections.Generic;
using System.ComponentModel;
using System.Data;
using System.Drawing;
using System.Text;
using System.Windows.Forms;

namespace xuexi2
{
   public partial class Form1 : Form
   {
      //声明一个double类型的变量results
      private double results;
      public Form1()
      {
         InitializeComponent();
      }

      private void button1_Click(object sender, EventArgs e)
      {
         //1美加仑约等于 3.79升
         //将输入字符转换成Double类型乘以3.79，结果放到变量results
         results = Convert.ToDouble(textBox1.Text) * 3.79;
         //将results中的数据转换成字符进行显示输出
         textBox2.Text = results.ToString();

      }
   }
}
```

3．在弹出的代码窗口中对应的位置输入画线的代码。

一个用户的操作，如按键、替换、鼠标移动等在C#里可以理解为一个事件，单击button1对应的事件名称是Click,意思就是当单击这个按钮时，就执行一段代码，进行美加仑与升之间的换算。

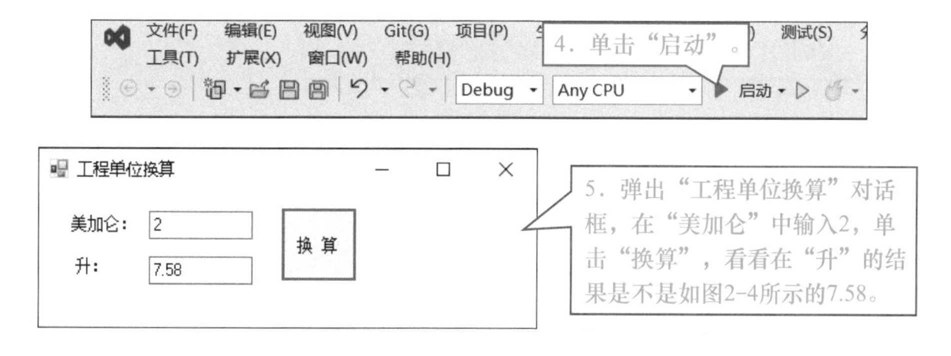


图2-4　软件中显示运算的结果

# 任务2-3 梳理知识点

吴　工：叶老师，我跟着你的步骤将软件做出来了，但是有些地方不是很明白，要请教你一下。

叶老师：没问题！我一个个给讲明白。

## ▶ 2-3-1　什么是.NET Framework

.NET Framework是用于在Windows上生成和运行应用程序的软件开发框架。C#就是在这个框架上运行的。还记得在2-2-1节里配置新项目时，要选择框架的版本，为了提高软件在不同版本的Windows中的兼容性，在满足开发与功能要求的情况下，框架的版本低一点好，不一定要追求最新版本的框架。如图2-5所示。

图2-5　对.NET Framework的版本进行选择

## ▶ 2-3-2　WinForms控件的设置技巧

WinForms窗体设计标配了大量的控件供选用。控件提供了属性与事件两个类别，大家可根据自己的需要进行设置。下面以按钮控件Button为例进行说明：

我们用按钮控件Button做了一个名字叫作button1。这时可能你要问，这个按钮不是叫作“换算”吗？不是的，“换算”只是这个叫作button1按钮在属性中设定的显示的文本，按钮的名字也是可以在属性中进行修改的。这个按钮控件实际上在属性里修改了表中的值，如表2-1所示。

表2-1 按钮控件属性中关于（Name）和Text的设定

| 属　性 | 设　置　值 |
|---|---|
| （Name） | button1 |
| Text | 换算 |

在完成了属性的设定后，要设置一下当按钮被单击时的事件。这里，使用的是“Click”事件。事件响应按钮被单击时将换算以C#语言代码的方式运行并输出结果。如图2-6所示。

图2-6　按钮控件的事件“Click”

按钮控件有丰富的属性与事件供配置使用，如果要详细了解，可以选中按钮控件，然后单击键盘上的<F1>键，调出微软的在线帮助进行学习。

## ▶ 2-3-3　Form1.cs里面都包含什么

在窗体里摆放设置控件，在代码里写触发事件要处理的内容。如果新建这个项目后，你没有故意去修改的话，所做的全部修改将存放在Form1.cs这个文件里。这里，就给大家揭秘一下Form1.cs里的构成是怎么样的。查看Form1.cs的操作如图2-7所示。

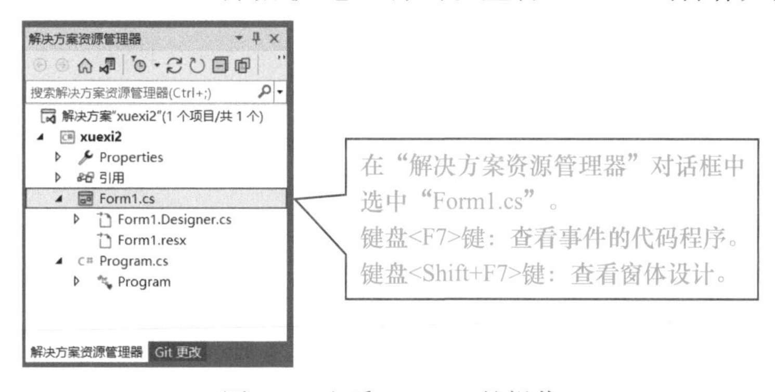


图2-7　查看Form1.cs的操作

按一下键盘<F7>键，Form1.cs的代码如图2-8所示。Form1.cs代码说明见表2-2。

```
1   using System;
2   using System.Collections.Generic;
3   using System.ComponentModel;
4   using System.Data;
5   using System.Drawing;
6   using System.Text;
7   using System.Windows.Forms;
8
9   namespace xuexi2
10  {
11      public partial class Form1 : Form
12      {
13          private double results;
14          public Form1()
15          {
16              InitializeComponent();
17          }
18
19          private void button1_Click(object sender, EventArgs e)
20          {
21              //1美加仑 约等于 3.79升
22              //将输入字符转换成Double类型乘以3.79，结果放到变量results
23              results = Convert.ToDouble(textBox1.Text) * 3.79;
24              //将results中的数据转换成字符进行显示输出
25              textBox2.Text = results.ToString();
26
27
28          }
29
30      }
31  }
```

图2-8　查看Form1.cs的代码

表2-2　Form1.cs的代码说明

| 行　数 | 说　明 |
|---|---|
| 1～7 | using + 命名空间名字，这样可以在程序中直接用命令空间中的类型。比如，我们要用到窗体里的控件，在新建的项目里并不自带，需要引用系统自带的命名空间System.Windows.Forms，而在代码中未被引用的命名空间会显示为灰色 |
| 9～30 | 命名空间namespace, 可以理解为存放代码的文件夹。9～30行就是文件夹名字叫作xuexi2里面所包括的代码内容。命名空间名字不能重复，在一个命名空间中声明的类的名称与另一个命名空间中声明的相同的类的名称不冲突 |
| 11～29 | 1）这是一个名字叫作Form1的类<br>2）public（共有的）：声明的方法和属性,可以被外部调用<br>3）private（私有的）：声明的方法和属性,只能在本类中被调用,外部看不到<br>4）static（静态的）：声明的方法和属性,不需要实例化就能被调用，当然也有公有和私有之分<br>5）partial：代表只是Form1这个类的一部分，其他部分还存在另外一个文件中，比如Form1.Designer.cs<br>6）class：类的标识符。类是C#语言的核心和基本构成模块，我们通过使用系统或第三方提供的类或者编写自己的类来实现功能解决问题<br>7）类的主体包含在一对大括号内 |

（续）

| 行　数 | 说　明 |
|---|---|
| 13 | 1）声明了一个double类型，名字叫results的变量，用于暂存换算的结果<br>2）private（私有的）：声明的变量，只能在本类中被调用，外部看不到 |
| 14～17 | 用来初始化窗体控件的方法,来自Form1.Designer.cs |
| 19～27 | 一个名字叫作button1_Click的方法。方法可以类似地理解为C语言里的子程序。这个方法是与button1的Click事件关联的 |
| 21，22，24 | 用“//”作为注释的标识符 |
| 23 | 先将text.Box1接收到的美加仑文本（所有窗体收到的都是字符串，需要转换成需要的格式）通过Convert类中的ToDouble方法转换格式后乘以3.79这个系数，结果存放在results中 |
| 25 | 将results里的数值转换成文本赋值到textBox2的属性text |

## ▶ 2-3-4　Form1.Designer.cs里面都包含什么

Form1.Designer.cs属于Form1.cs，可以在“解决方案资源管理器”里双击打开查看里面的代码，我们关心的是方法InitializeComponent( )里的内容，主要是关于窗体控件的属性与事件的设定代码，如图2-9所示。

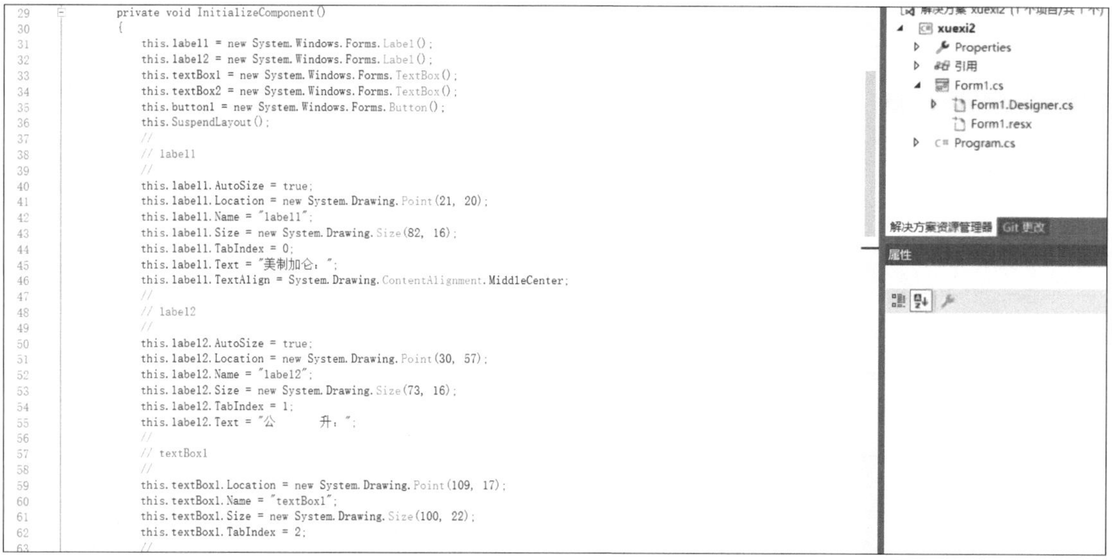

```
29          private void InitializeComponent()
30          {
31              this.label1 = new System.Windows.Forms.Label();
32              this.label2 = new System.Windows.Forms.Label();
33              this.textBox1 = new System.Windows.Forms.TextBox();
34              this.textBox2 = new System.Windows.Forms.TextBox();
35              this.button1 = new System.Windows.Forms.Button();
36              this.SuspendLayout();
37              //
38              // label1
39              //
40              this.label1.AutoSize = true;
41              this.label1.Location = new System.Drawing.Point(21, 20);
42              this.label1.Name = "label1";
43              this.label1.Size = new System.Drawing.Size(82, 16);
44              this.label1.TabIndex = 0;
45              this.label1.Text = "美制加仑：";
46              this.label1.TextAlign = System.Drawing.ContentAlignment.MiddleCenter;
47              //
48              // label2
49              //
50              this.label2.AutoSize = true;
51              this.label2.Location = new System.Drawing.Point(30, 57);
52              this.label2.Name = "label2";
53              this.label2.Size = new System.Drawing.Size(73, 16);
54              this.label2.TabIndex = 1;
55              this.label2.Text = "公        升：";
56              //
57              // textBox1
58              //
59              this.textBox1.Location = new System.Drawing.Point(109, 17);
60              this.textBox1.Name = "textBox1";
61              this.textBox1.Size = new System.Drawing.Size(100, 22);
62              this.textBox1.TabIndex = 2;
63              //
```



图2-9　查看方法Form1.Designer.cs的代码

## ▶ 2-3-5　系统自带的命名空间里有很多宝藏功能

我们已经使用过一个来自system命名空间的类Convert，帮我们解决了数据格式的转换问题。C#本身就自带很多这样的宝藏功能，有需要的话按键盘上的<F1>键查看帮助。如果看上了哪个命名空间，记得在代码的最前面进行引用命令空间（using）。

## ▶ 2-3-6 C#的功能强大而复杂，应该从哪里学起

要完全精通C#会耗费很多精力，因为我们是为了解决如何开发工业软件给智能设备赋能而学习C#的，只用到C#的某一小部分功能。所以建议跟着叶老师，以项目式解决实际问题为导向开展学习，边做边学C#的技术知识，学以致用。遇到不懂的时候，上网搜索一下，以叶老师的学习经历来说，基本都会找到答案。

比如，我想了解C#的数据类型转换的方法。上网搜索一下，然后将代码试运行一下，看行不行，如图2-10所示。

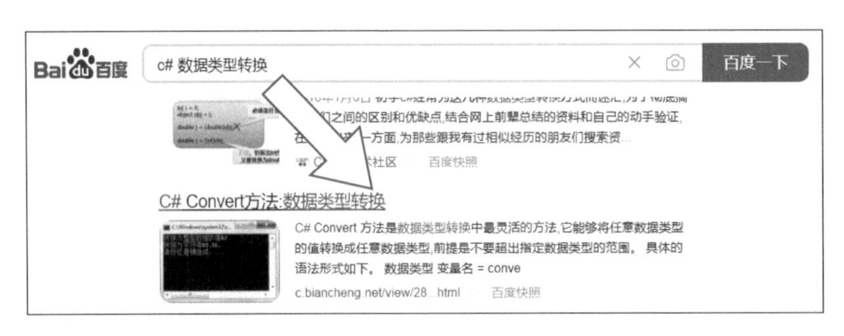


图2-10 在搜索引擎中查找C#的数据类型转换

进一步的，Convert方法还能做些什么事情？具体操作如下：

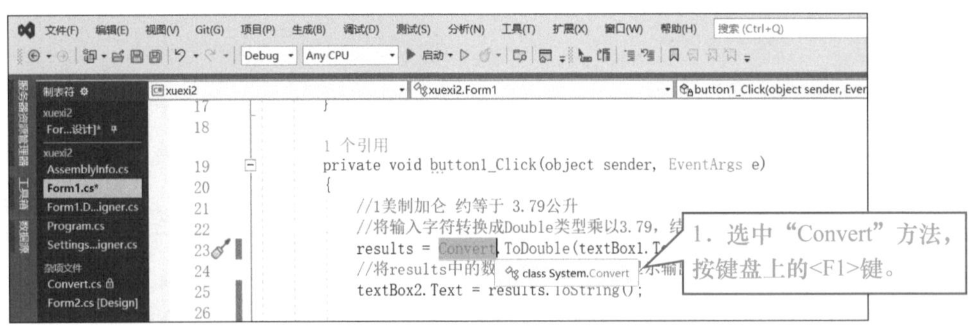

### ▶ 2-3-7 属性设置的窗口被关掉，如何找回来

错手关闭各种窗口是新手们心中永远的痛，叶老师教大家一个必杀技，如图2-11所示。

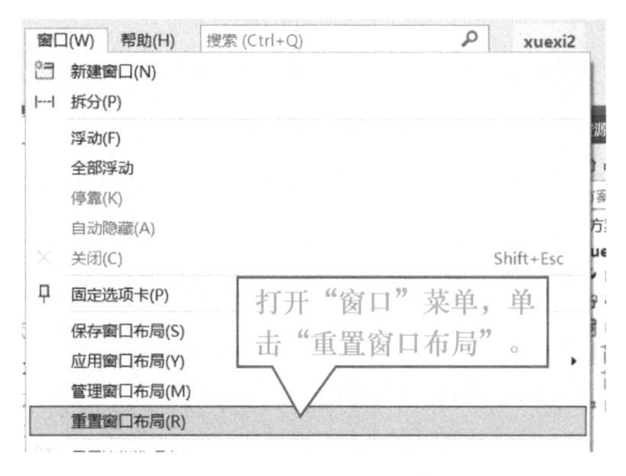


图2-11 重置窗口布局

## 任务2-4 挑战一下自己

吴 工：叶老师，目前遇到的问题我都弄明白了，并找到了解决的方法。

叶老师：好，那我就要考考你了？

吴 工：没问题，请出题吧！

- 开发一个用于米—英尺换算的软件。
- 开发一个集成了美加仑—升和米—英尺换算的软件。
- 简述命名空间、类、方法和属性的关系。
- 什么是事件？

# 项目3 建立与工业机器人的连接

## 学习目标

✧ 掌握真实工业机器人控制器的连接方法。
✧ 掌握虚拟工业机器人控制器的连接方法。
✧ 掌握建立工业机器人连接程序的开发。
✧ 掌握如何查询ABB独有的命名空间信息。
✧ 掌握代码中符号的使用。
✧ 理解控件的属性与事件。
✧ 理解什么是类的实例化。
✧ 理解什么是构造函数。
✧ 理解foreach指令的功能。

## 任务3-1 现状把握

**叶老师**：吴工，通过开发一个工程换算软件，对软件的开发有一个全面的了解了吧？

**吴　工**：是的，现在对如何在C#里开发一个软件的全过程已经明明白白的了。叶老师，现在可以教我如何开发工业机器人启动/停止的软件了吗？

**叶老师**：不用着急，在控制工业机器人启动/停止之前，我们要先建立起与工业机器人的连接。这个连接分两步：首先在物理上建立与工业机器人的网络连接，可以是网线或WiFi；然后在软件上与工业机器人系统建立连接（图3-1）。现在就跟着我一起做吧！

图3-1 在软件上与工业机器人系统建立连接

## 任务3-2 实施

叶老师：吴工，你跟着我的步骤进行操作，一下子不能理解的地方请记录下来，后面会集中给你讲解。

吴　工：叶老师，没问题。

### ▶ 3-2-1 在物理上建立与工业机器人的连接

我们以ABB工业机器人CRB 15000为例进行说明。CRB 15000是一款协作机器人，使用的是ABB全新一代OmniCore控制器C30，如图3-2所示。

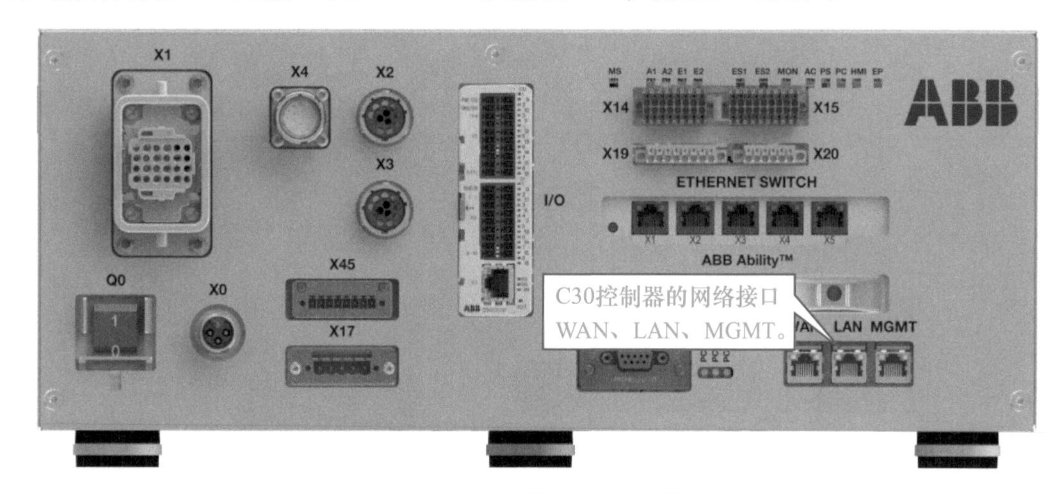


图3-2 ABB全新一代OmniCore控制器C30

1．连接真实的工业机器人

连接真实的工业机器人通常有两种情况：

1）点对点时，可连接工业机器人控制器MGMT接口，这个接口是固定的IP地址（192.168.125.1）。计算机端的IP设置为自动获取。

2）当网络里多台工业机器人组成局域网时，连接工业机器人控制器的WAN接口就需要自行定义IP地址，计算机端的IP要根据局域网中的约定进行设置。更详细的选项要求与设置方法请参考ABB工业机器人最新版本的随机电子说明书。

2．连接RobotStudio中的虚拟工业机器人控制器

为了方便对工业软件进行开发与调试，可以连接RobotStudio中的虚拟工业机器人控制器。这个无须做设定就可以被扫描识别出来。本书都是连接RobotStudio中的虚拟工业机器人控制器开展学习的。

## ▶ 3-2-2　建立一个用于测试的虚拟工业机器人工作站

在同一台计算机里安装RobotStudio软件，用于建立虚拟工业机器人工作站。安装RobotStudio的途径有：登录官方网站https://new.abb.com/products/robotics/robotstudio下载最新版，也可以关注微信公众号“叶晖yehui”进行下载，会有更多软件版本的选择。我们这里以RobotStudio 2021.2这个版本进行操作，如果要详细学习RobotStudio的使用可以参考机械工业出版社出版的《工业机器人工程应用虚拟仿真教程　第2版》。如图3-3所示。

微信搜一搜

叶晖yehui

图3-3　下载RobotStudio的途径和建立虚拟工业机器人工作站的教程

在RobotStudio中，跟着我建立一个CRB 15000的虚拟工业机器人工作站。这个工作站跟C#的源代码都会打包供大家下载。如果之前你在别的学习中已有其他版本的RobotStudio做好的工作站也可以作为连接的对象，只是后面任务所涉及的工业机器人设置要重新做一下。

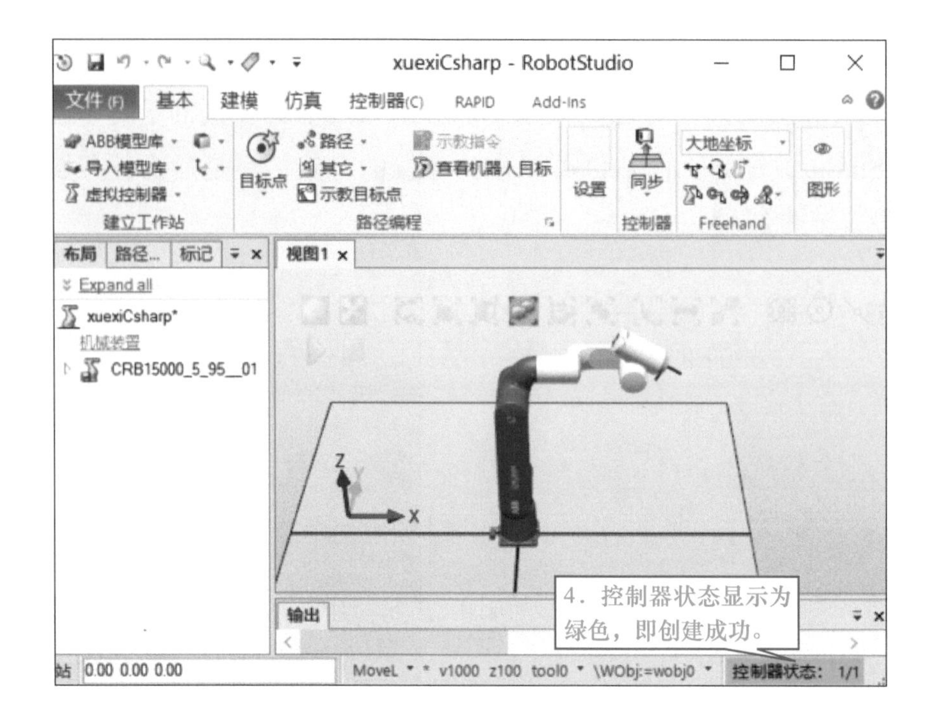


## ▶ 3-2-3　在软件中建立与工业机器人的连接

通过C#开发程序去连接工业机器人的控制器，需要用到一些ABB工业机器人独有的命名空间。这些由ABB工业机器人的一个叫作PC SKD的软件包来提供。下面是获取这个PC SDK软件包的操作：

1．登录https://developercenter.robotstudio.com/，如图3-4所示。

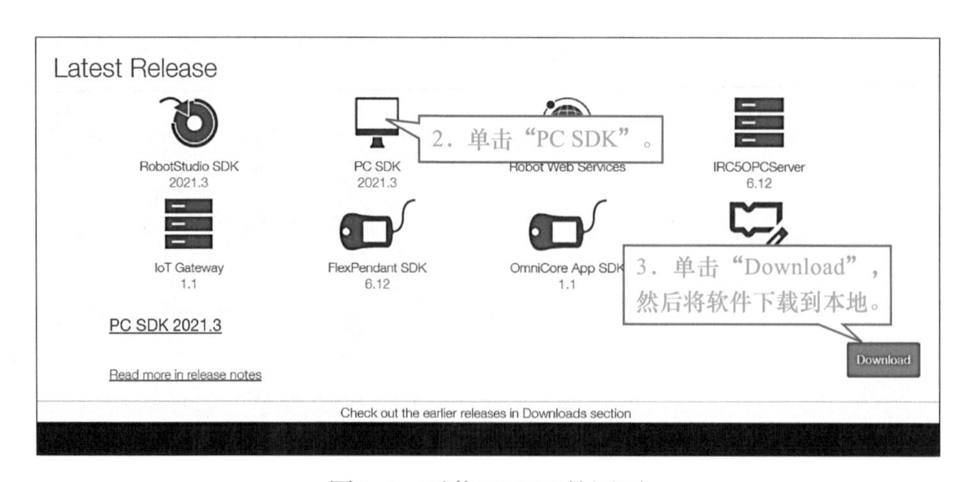


图3-4　下载PC SDK的网页

4．在安装软件时，建议不要修改任何设置。默认的安装目录应该是这样子的：

```
C:\Program Files (x86)\ABB\SDK\PCSDK 2021
```

如果装的是6.08的版本，安装目录是这样子的：

C:\Program Files (x86)\ABB Industrial IT\Robotics IT\SDK\PCSDK 6.08

## 注意

由于使用的RobotStudio 2021这个平台运行协作机器人CRB 15000的虚拟控制器C30，所以就应用PC SDK 2021。

我们要将ABB工业机器人独有的命名空间（简称为ABB命名空间）引用到这个项目里来。

对应IRC5控制器，引用ABB命名空间的路径为：C:\Program Files (x86)\ABB Industrial IT\Robotics IT\SDK\PCSDK 6.08\ ABB.Robotics.Controllers.PC.dll。

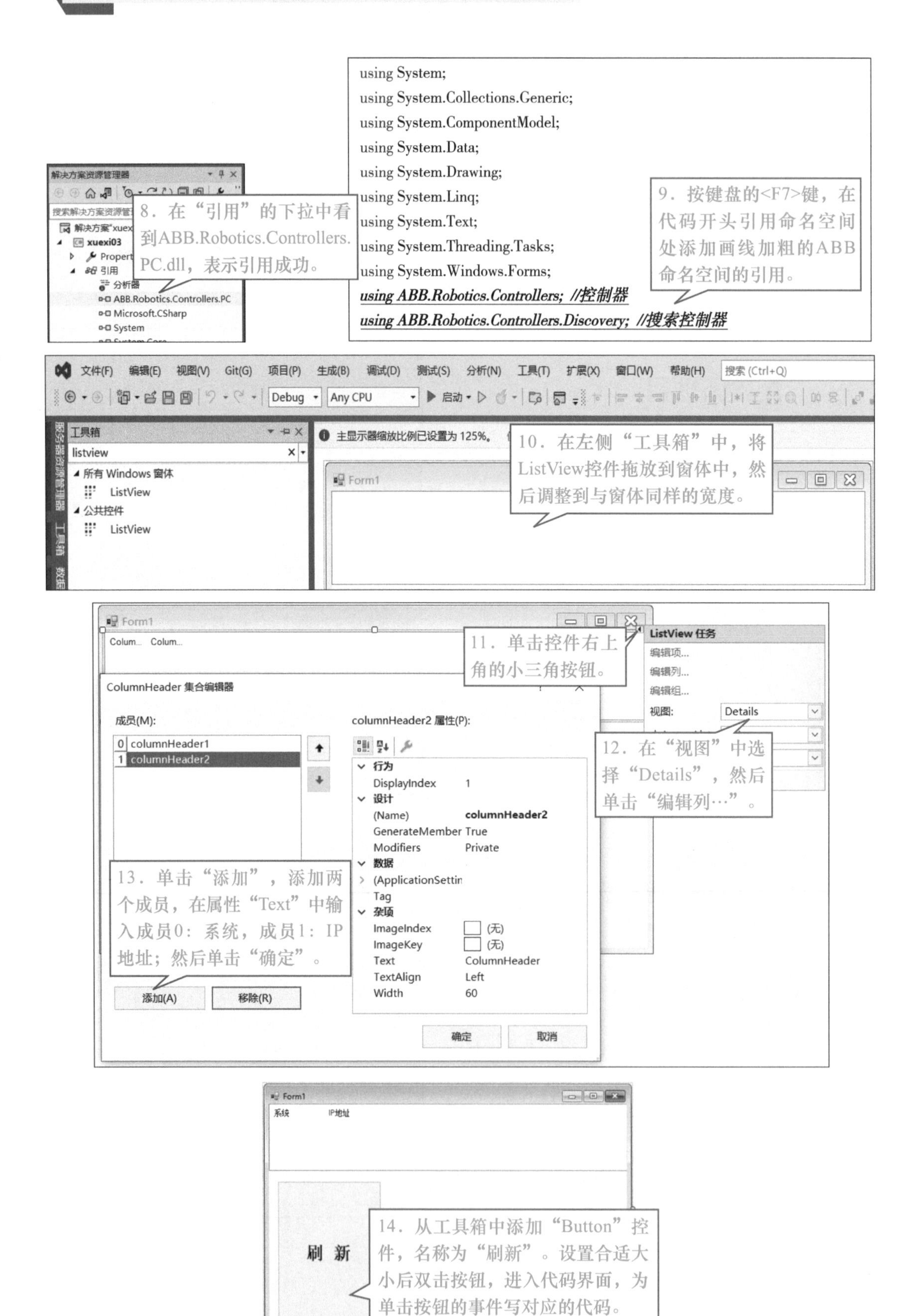

using System;
using System.Collections.Generic;
using System.ComponentModel;
using System.Data;
using System.Drawing;
using System.Linq;
using System.Text;
using System.Threading.Tasks;
using System.Windows.Forms;
using ABB.Robotics.Controllers; //控制器
using ABB.Robotics.Controllers.Discovery; //搜索控制器
8．在“引用”的下拉中看到ABB.Robotics.Controllers.PC.dll，表示引用成功。
9．按键盘的<F7>键，在代码开头引用命名空间处添加画线加粗的ABB命名空间的引用。
10．在左侧“工具箱”中，将ListView控件拖放到窗体中，然后调整到与窗体同样的宽度。
11．单击控件右上角的小三角按钮。
12．在“视图”中选择“Details”，然后单击“编辑列…”。
13．单击“添加”，添加两个成员，在属性“Text”中输入成员0：系统，成员1：IP地址；然后单击“确定”。
14．从工具箱中添加“Button”控件，名称为“刷新”。设置合适大小后双击按钮，进入代码界面，为单击按钮的事件写对应的代码。

```
using System;
using System.Collections.Generic;
using System.ComponentModel;
using System.Data;
using System.Drawing;
using System.Linq;
using System.Text;
using System.Threading.Tasks;
using System.Windows.Forms;
using ABB.Robotics.Controllers;//控制器
using ABB.Robotics.Controllers.Discovery;//控制器搜索

namespace xuexi03
{
    public partial class Form1 : Form
    {
      //机器人网络扫描器NetworkScanner类实例化对象scanner
      private NetworkScanner scanner = new NetworkScanner();
      //机器人控制器Controller类实例化对象controller1
      private Controller controller1 = null;
      public Form1()
      {
          InitializeComponent();
      }
      private void button1_Click(object sender, EventArgs e)
      {
          //方法Scan用于扫描网络并将所有的控制器信息加载到内存
          scanner.Scan();
          //清空listView1里原有的内容
          listView1.Items.Clear();
          //对象scanner的属性Controllers集合赋值给
          //ControllerInfoCollection对象的实例化对象controls
          ControllerInfoCollection controls = scanner.Controllers;
          //将对象controls中的控制器信息集合全部循环提取
          //到ControllerInfo类的迭代变量info
          foreach (ControllerInfo info in controls)
          {
            //将ListViewItem类实例化对象item，将info的属性SystemName作为成员0的内容
            ListViewItem item = new ListViewItem(info.SystemName);
            //将info的属性IPAddress转换成字符类型后作为成员1的内容
            item.SubItems.Add(info.IPAddress.ToString());
            //将info赋值给item的Tag
            item.Tag = info;
            //将对象item中所有的内容加载到listView1中
            listView1.Items.Add(item);
          }
      }
}
```

15. 输入画线的代码。

```
private void listView1_MouseDoubleClick(object sender, MouseEventArgs e)
    {
        //将选中的控制器赋值给对象item1
        ListViewItem item1 = this.listView1.SelectedItems[0];
        //如果Tag不为空，则进入循环
        if (item1.Tag != null)
        {
            //将item1.Tag转换为ControllerInfo对象
            ControllerInfo controllerInfo1 = (ControllerInfo)item1.Tag;
            //如果控制器是有效的话，则进入循环
            if (controllerInfo1.Availability == Availability.Available)
            {
                //如果对象controller1有效，则进入循环
                if (this.controller1 != null)
                {
                    //对controller1进行登出、清空
                    controller1.Logoff();
                    controller1.Dispose();
                    controller1 = null;
                }
                //将连接的信息赋值给对象controller1,连接的类型为Standalone
                controller1= Controller.Connect(controllerInfo1,ConnectionType.Standalone);
                //用默认用户登录控制器
                controller1.Logon(UserInfo.DefaultUser);
                //弹出对话框提示登录成功
                MessageBox.Show("成功登录："+controllerInfo1.SystemName);
            }
            else
            {
                //弹出对话框，提示登录失败
                MessageBox.Show("控制器连接失败！");
            }
        }
    }
```

18．输入画线的代码。

文件(F) 编辑(E) 视图(V) Git(G) 项目(P) 生成(B) 调试(D)
工具(T) 扩展(X) 窗口(W) 帮助(H)
Debug Any CPU 启动

19．单击“启动”。

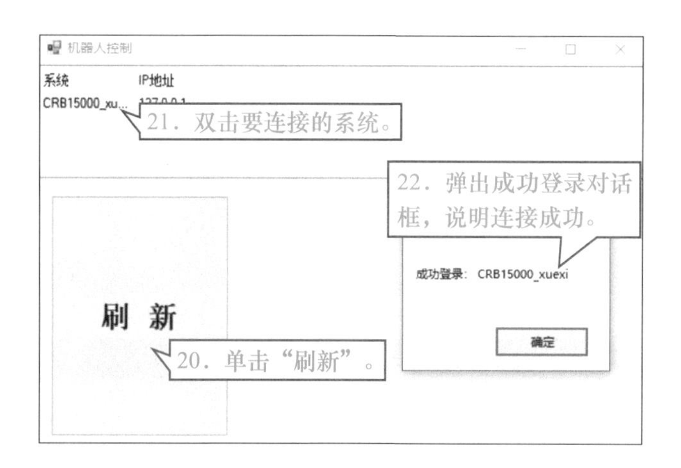


## 任务3-3 梳理知识点

吴　工：叶老师，我跟着你的步骤将软件做出来了，但是有些地方不是很明白，要请教你一下。

叶老师：没问题！我一个个给你讲明白。

### ▶ 3-3-1 什么是ABB独有的命名空间

通过C#开发程序去连接工业机器人的控制器，需要用到一些ABB工业机器人独有的命名空间（简称ABB命名空间）。这些由ABB工业机器人的一个叫作PC SKD的软件包来提供。PC SKD有两个常用版本：6.08和202X，它们的安装目录是不一样的，参考如下：

1）PC SDK 2021：C:\Program Files (x86)\ABB\SDK\PCSDK 2021\ ABB.Robotics.Controllers.PC.dll。

2）PC SDK 6.08：C:\Program Files (x86)\ABB Industrial IT\Robotics IT\SDK\PCSDK 6.08\ABB.Robotics.Controllers.PC.dll。

### ▶ 3-3-2 如何查看ABB独有命名空间里的内容

我们以PC SDK 2021为例说明查看ABB命名空间的流程。在上一个任务中，引用的一个ABB独有命名空间叫作ABB.Robotics.Controllers.Discovery，里面用到了NetworkScanner类，相关的语句如下所示：

```
private NetworkScanner scanner = new NetworkScanner();
scanner.Scan();
ControllerInfoCollection controls = scanner.Controllers;
```

我们想查看NetworkScanner类的说明，操作如下：

1．打开目录C:\Program Files (x86)\ABB\SDK\PCSDK 2021\Documentation中的index.html。

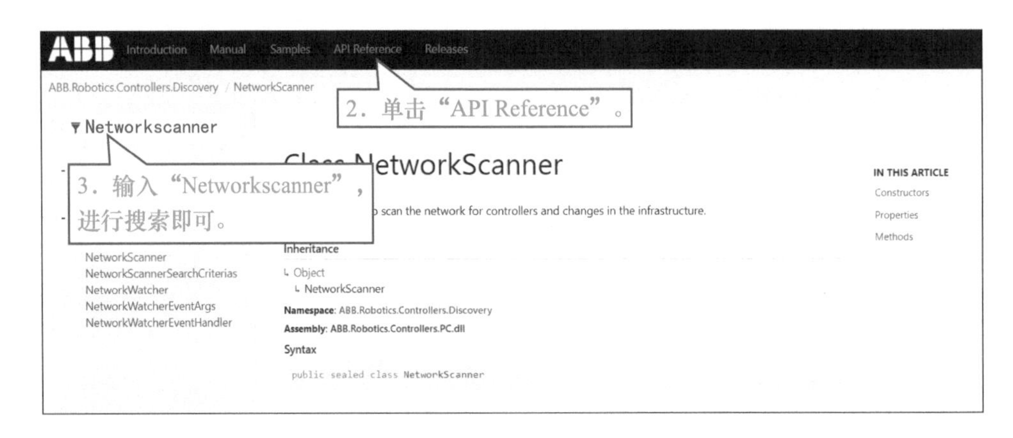


4．可以使用浏览器的英译中功能，方便阅读理解。

5．查阅说明，就可以对代码进行正确的理解了。

```
//使用构造函数将NetworkScanner实例化
private NetworkScanner scanner = new NetworkScanner();
//使用Scan方法进行扫描网络中的控制器
scanner.Scan();
//对象scanner的属性Controllers集合赋值给ControllerInfoCollection对象的实例化对象
controls
ControllerInfoCollection controls = scanner.Controllers;
```

建议先全部浏览一次ABB命名空间说明文件，不要求全部记住，以后遇到不懂的就进行针对性的查看。

## ▶ 3-3-3　总结软件的开发步骤

在本任务中，我们实现了软件连接工业机器人控制器的功能，恭喜你已经完成一个最基本的C# Winform的全过程。下面将所做过的步骤详细地讲解一下：

1）引用ABB独特的命名空间，是用于所开发软件与控制器的连接与交互。

2）在窗体中加入控件ListView，用于显示与软件连接的控制器。

3）在窗体中加入控件Button，用于触发一次已联网的控制器扫描。

4）在控件Button的事件中，对单击Button所要发生的触发一次已联网的控制器扫描功能进行了代码的编写。

5）在控件ListView的事件中，对双击对应控制器所要发生的连接控制器功能进行了代码的编写。

如果用一句话进行概括的话，就是先布局控件，然后写控件事件的代码。

## ▶ 3-3-4　在代码编辑时出现红色小波浪是什么意思

编写代码是一件非常严谨的事情，一个字符一个空格都不能出错。但是出错总是难免的。当发现在代码行里出现了红色小波浪，就是此处有错误的意思。这个时候不用慌，我们可以在错误列表中查看错误的说明，然后进行处置。具体操作如下：

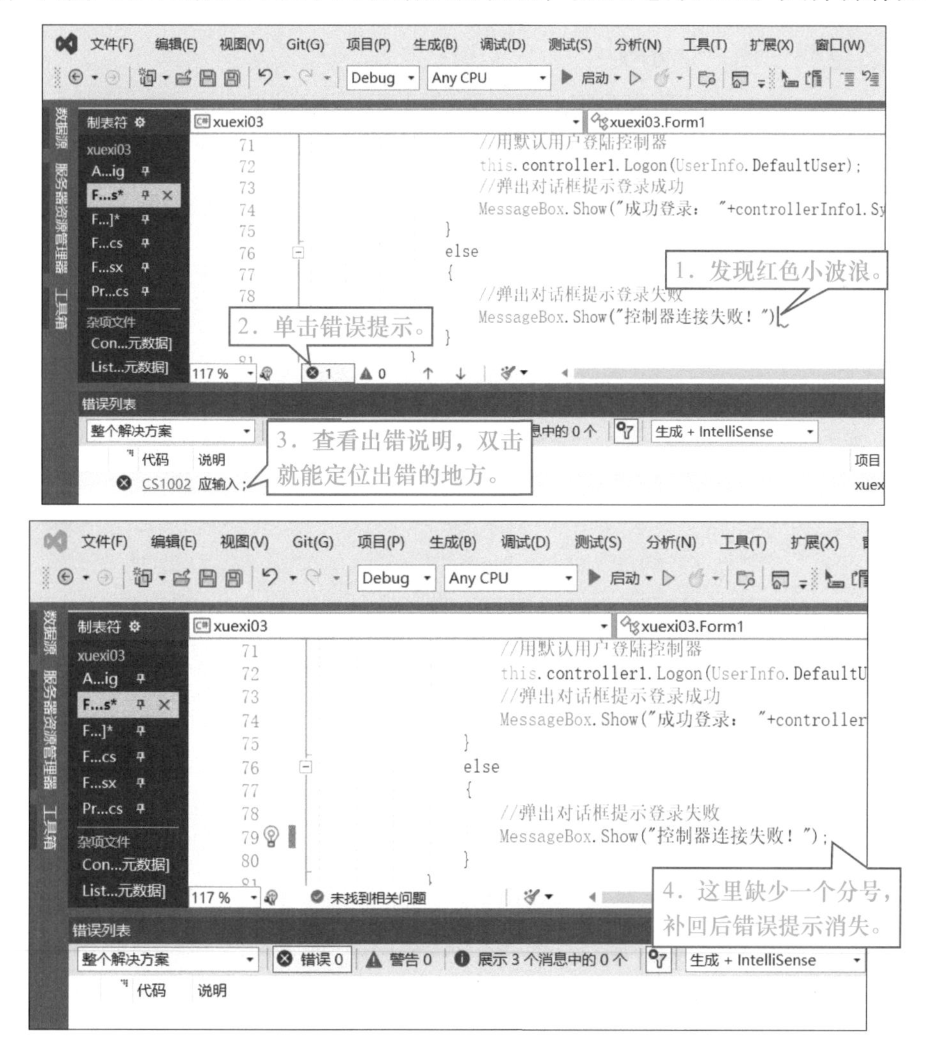

Visual Studio已经非常的智能化，基本都能自动定位出错的地方，你要做的只是认真按照出错提示进行处理就好。

## ▶ 3-3-5　编写代码时必须知道的符号使用标准

1）一般的代码会以分号作为结束的标志。如：

```
private NetworkScanner scanner = new NetworkScanner();
        scanner.Scan();
```

在上一个问题中，就是因为代码结束时缺少了一个分号“;”，所以出现错误提示。

2）有些会用“{ }”来对多个代码进行包围作为一个整体，通过{ }来表达代码的从属关系。这是C#语言的规则，遵守就好。

① 命名空间使用{ }示例：

```
namespace xuexi03
{
    3 个引用
    public partial class Form1 ...
}
```

② 类使用{ }示例（类从属于命名空间）：

```
namespace xuexi03
{
    3 个引用
    public partial class Form1 : Form
    {
        //机器人网络扫描器NetworkScanner类实例化对象scanner
        private NetworkScanner scanner = new NetworkScanner();
        //机器人控制器Controller类实例化对象controller1
        private Controller controller1 = null;
        1 个引用
        public Form1()...
        1 个引用
        private void button1_Click(object sender, EventArgs e)...

        1 个引用
        private void listView1_MouseDoubleClick(object sender, MouseEventArgs e)...
    }
}
```

③ 代码使用{ }示例：

```
if (this.controller1 != null)
{
    //对controller1进行登出、清空
    this.controller1.Logoff();
    this.controller1.Dispose();
    this.controller1 = null;
}
```

3）用“//”来表示注释。

4）用“()”来表示用到的参数或操作，具体要看代码的语法说明。

5）用“[ ]”来表示数组或集合的编号。如：

```
//将选中的控制器赋值给对象item1
ListViewItem item1 = this.listView1.SelectedItems[0];
```

6）用英文字符的双引号" "来表达字符串。如：

```
//弹出对话框提示登录成功
MessageBox.Show("成功登录：  "+controllerInfo1.SystemName);
```

## ▶ 3-3-6　Winform控件的属性与事件查看方法

到目前为止，我们已使用过的Winform控件是ListView和Button两种。对控件的操作主要是两个方面，属性的设置与事件响应的编程。每一个控件都拥有丰富的属性与事件，以满足千变万化的需求。

可以通过以下的操作，查看一个控件所拥有的属性与事件的详细说明。

## ▶ 3-3-7　什么是对类的实例化

我们需要使用一个方法Scan()来搜索网络中已连接的控制器，这个方法来自ABB命名空间ABB.Robotics.Controllers.Discovery中的类NetworkScanner。要使用任何类里的方法，都要对类进行实例化：

```
private NetworkScanner scanner = new NetworkScanner();
```

实例化NetworkScanner的代码说明见表3-1。

表3-1 实例化NetworkScanner的代码说明

| 符　号 | 说　明 |
| --- | --- |
| private | 只能声明它的类的内部访问 |
| NetworkScanner | 类的名字 |
| scanner | 实例化对象的名字，根据需要自定义 |
| new NetworkScanner() | 为实例化分配内存,通过构造函数NetworkScanner()将初始化的内容赋值给scanner |

可以只实例化，先不赋值实际的内容给对象，后面根据编程的需求进行赋值。如：

```
private NetworkScanner scanner = null;
```

本例中，scanner就是实例化的对象，将抽象的类具象化。

如何理解它们之间的关系呢？比如说人类是对一种生物的抽象描述，叶晖老师就是人类的具象化。你可以让叶晖老师教你学习C#编程，但是你不可能说让人类教。所以就要将抽象的人类实例化为一个具体的对象叶晖老师来完成你的需求。

## ▶ 3-3-8 什么是构造函数

我们在实例化的时候，构造函数用于初始化类实例的状态，它与类名相同并且不能有返回值。

在例子NetworkScanner scanner = new NetworkScanner();中，右侧就是使用与类名同名的构造函数将初始化内容赋值给实例化对象。

## ▶ 3-3-9 “勤勤恳恳”的指令foreach

foreach指令可用于对一个数组或集合中的全部元素进行遍历枚举提取到迭代变量中去。其格式如下：

```
foreach ( 迭代变量类型 迭代变量名字 in 被遍历的数组或集合)
    {
    数组或集合中的第一个元素根据需要进行操作的代码
    }
```

我们以本项目如何使用foreach进行详细说明。

```
//将对象controls中的控制器信息集合全部枚举提取到ControllerInfo类的迭代变量info
foreach (ControllerInfo info in controls)
{
    //将ListViewItem类实例化对象item，将info的属性SystemName作为成员0的内容
    ListViewItem item = new ListViewItem(info.SystemName);
    //将info的属性IPAddress转换成字符类型后作为成员1的内容
    item.SubItems.Add(info.IPAddress.ToString());
    //将info赋值给item的Tag
    item.Tag = info;
    //将对象item中所有的内容加载到listView1中
    listView1.Items.Add(item);
}
```

迭代变量是临时的，只读的。

foreach是一条非常常用的指令，只要你开发的程序要操作数组或集合的数据，大多数的情况下都会用到它。

## 任务3-4 挑战一下自己

吴　工：叶老师，目前遇到的问题我都弄明白了，并找到了解决的方法。

叶老师：好，那我就要考考你了！

吴　工：没问题，请出题吧！

- ○ 练习开发一个与工业机器人控制器连接的软件。
- ○ 说明PC端如何与真实工业机器人控制器进行连接。
- ○ 说明PC端如何与本地虚拟工业机器人控制器进行连接。
- ○ 简述本项目中写代码时使用过的符号的作用。
- ○ 简述什么是类的实例化。
- ○ 什么是构造函数？
- ○ 简述foreach指令的功能。

# 项目4 控制工业机器人的启动与停止

## 学习目标

- ✧ 掌握控件TabControl的使用。
- ✧ 理解控件属性中（Name）和Text的区别。
- ✧ 理解控件与事件代码之间的关联。
- ✧ 理解ABB独有命名空间：Mastership类。
- ✧ 掌握using指令的两种主要用法。
- ✧ 掌握try指令的用法。
- ✧ 学会启动/停止工业机器人的功能开发。

## 任务4-1 现状把握

吴 工：叶老师，我已经通过开发工业软件成功连接工业机器人的控制器。下一步要做什么，请下达任务吧！

叶老师：我们终于能通过编写代码来实现控制器的连接，是不是很有成就感。接下来，我们就在这个软件的基础上加入启动和停止工业机器人的功能，如图4-1所示。随着在软件中要实现的功能越来越多，有必要在软件界面中对功能进行分类了。

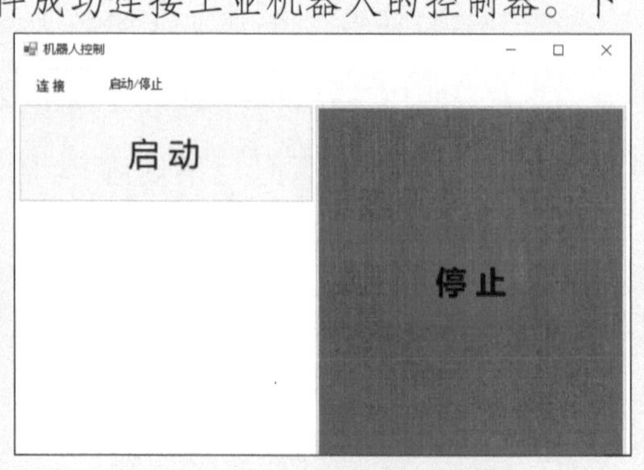


图4-1 工业软件中启动和停止工业机器人的功能

# 任务4-2 实施

叶老师：吴工，你跟着我的步骤进行操作，一下子不能理解的地方，请记录下来，后面集中给你讲解。

吴　工：好的，叶老师。

## ▶ 4-2-1 在软件中进行功能分区的设置

我们会继续往软件中增加功能，如果只往一个页面里塞功能的话，不但不美观，而且容易造成误操作。因此，有必要对软件里的功能进行分门别类。这里，将连接功能作为一类，工业机器人的启动/停止作为一类，以后有新的功能再作为新的一类。具体操作如下：

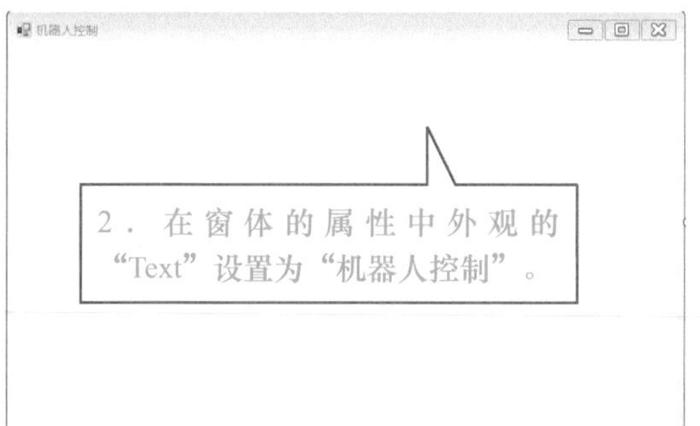

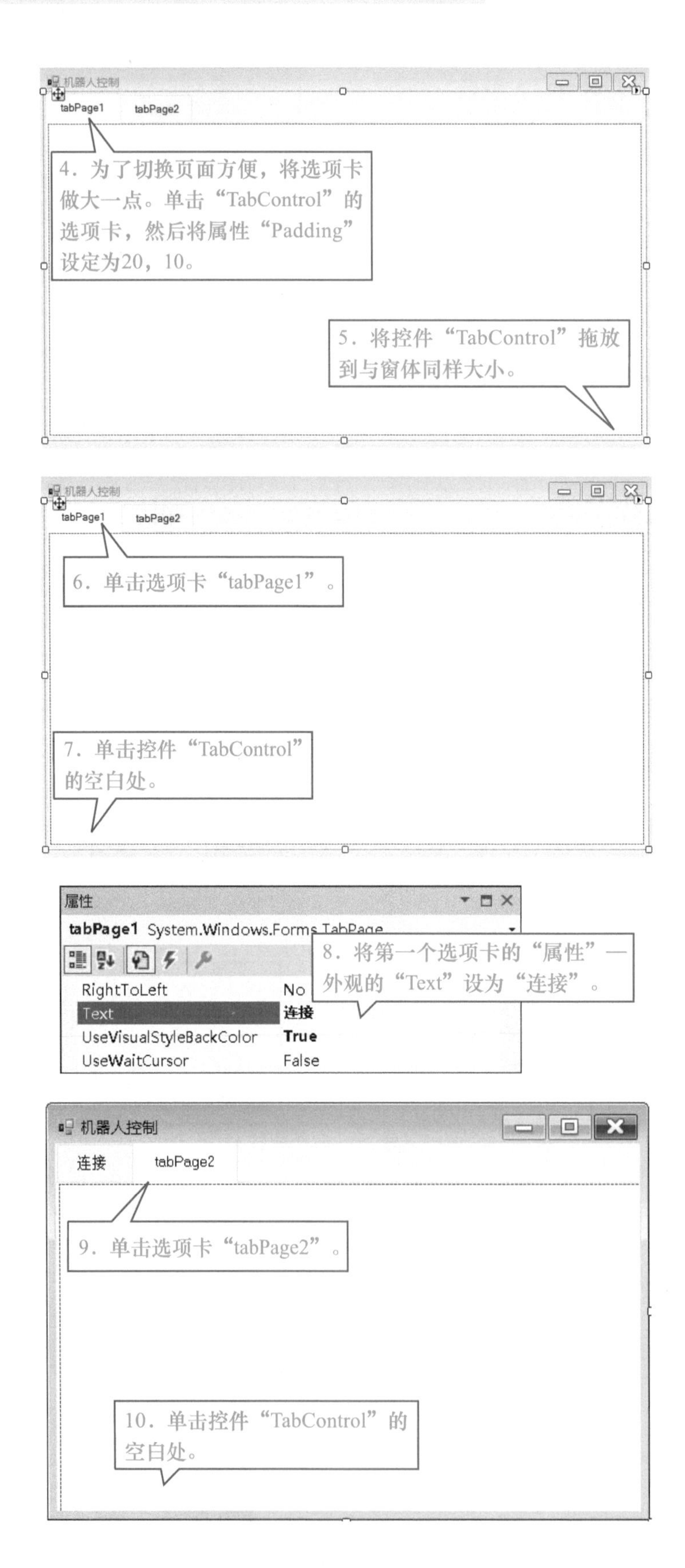
机器人控制
tabPage1
tabPage2
4．为了切换页面方便，将选项卡做大一点。单击“TabControl”的选项卡，然后将属性“Padding”设定为20，10。
5．将控件“TabControl”拖放到与窗体同样大小。
机器人控制
tabPage1
tabPage2
6．单击选项卡“tabPage1”。
7．单击控件“TabControl”的空白处。
属性
tabPage1 System.Windows.Forms.TabPage
8．将第一个选项卡的“属性”—外观的“Text”设为“连接”。
RightToLeft
No
Text
连接
UseVisualStyleBackColor
True
UseWaitCursor
False
机器人控制
连接
tabPage2
9．单击选项卡“tabPage2”。
10．单击控件“TabControl”的空白处。

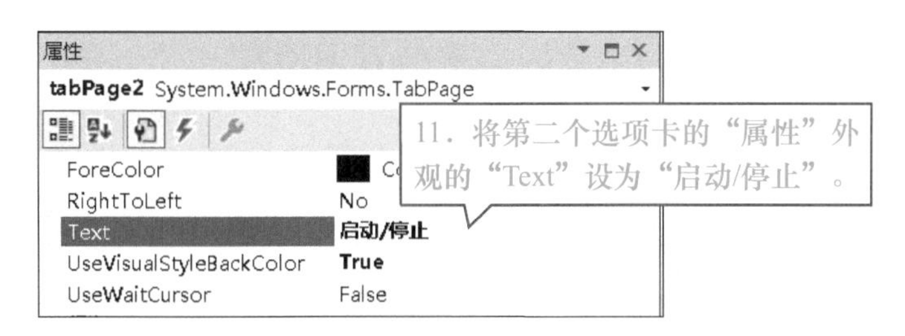


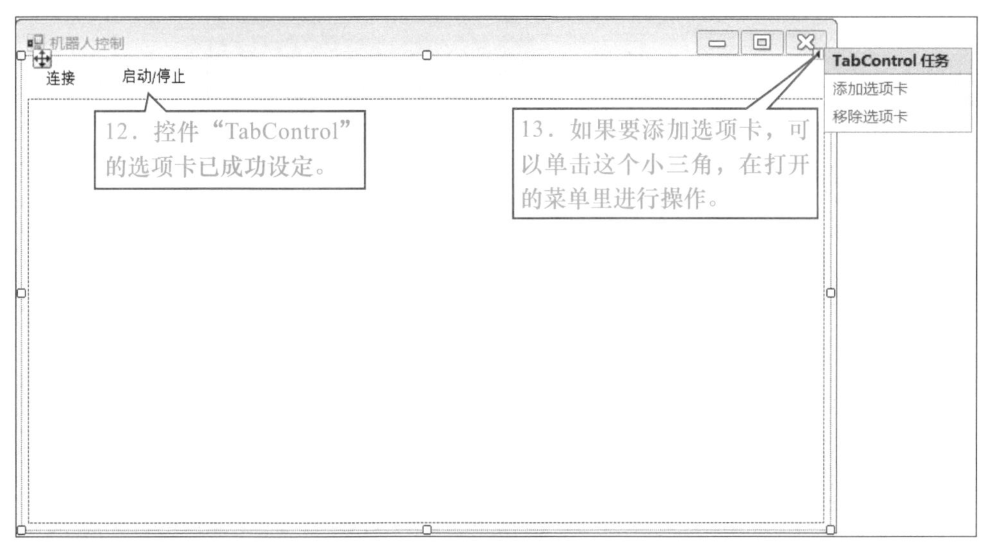


## ▶ 4-2-2 将原来的连接功能添加进来

在上一个项目中，我们已经做好了连接控制器的功能。这里，就可以直接参考上一个项目中的实施流程，移植到这个软件里（图4-2）。移植完成后，请测试一下程序是否运行正常。

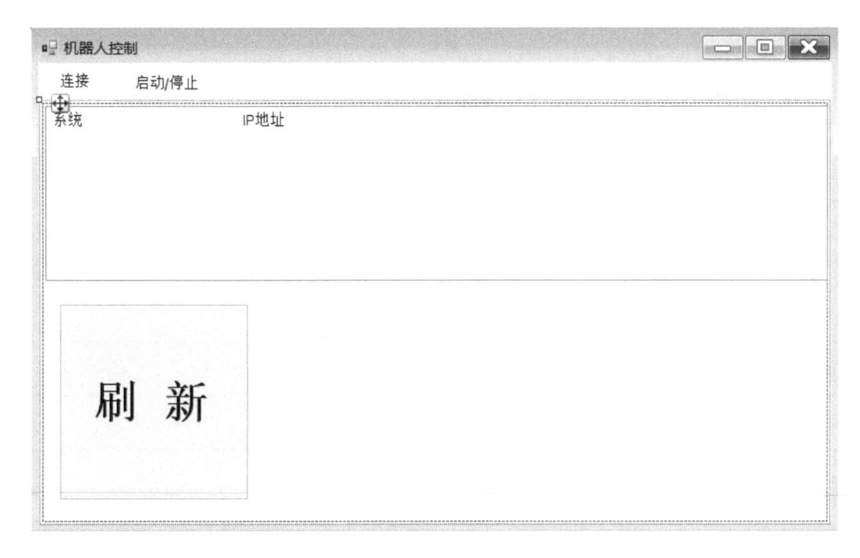


图4-2 已完成的连接控制器的功能

## ▶ 4-2-3　创建工业机器人的启动/停止功能

控制器连接已使用了第一个选项卡，那么我们在第二个选项卡“启动/停止”里进行工业机器人的启动/停止功能的创建。具体步骤如下：

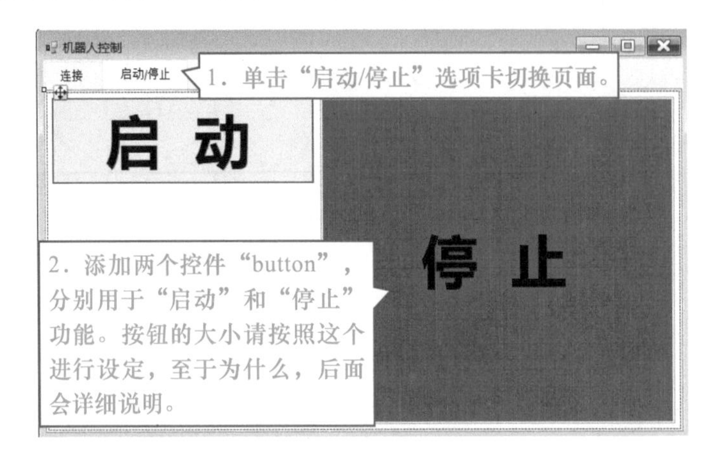


3．设定表4-1、表4-2所示这两个按钮的属性。

**表4-1　启动按钮的属性**

| 启动按钮属性 | 设　　置 |
| --- | --- |
| 设计—（Name） | button_start |
| 外观—Font—Name | Microsoft YaHei UI |
| 外观—Font—Size | 42 |
| 外观—Font—Bold | True |
| 外观—Text | 启动 |

**表4-2　停止按钮的属性**

| 停止按钮属性 | 设　　置 |
| --- | --- |
| 设计—（Name） | button_stop |
| 外观—Font—Name | Microsoft YaHei UI |
| 外观—Font—Size | 42 |
| 外观—Font—Bold | True |
| 外观—Text | 停止 |

4．在Form1.cs中添加以下的这个ABB命名空间的引用：

```
using ABB.Robotics.Controllers.RapidDomain;//Rapid相关
```

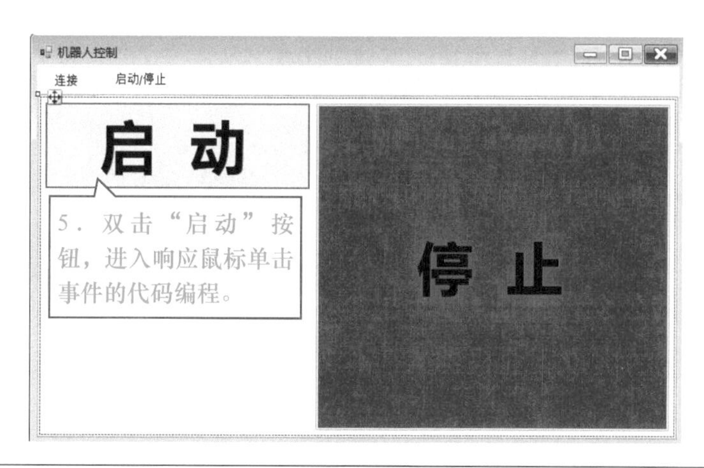


```
private void button_start_Click(object sender, EventArgs e)
{
        try
        {
            //请求当前控制器的权限
            using (Mastership m = Mastership.Request(controller1))
            {
                //启动控制器的Rapid程序
                controller1.Rapid.Start();
            }
        }
        catch (Exception ex)
        {
            //显示出错信息
            MessageBox.Show(ex.ToString());

        }
}
```

6．输入加粗的代码，用于启动工业机器人的控制。

```
private void button_stop_Click(object sender, EventArgs e)
{
        try
        {
            //请求当前控制器的权限
            using (Mastership m = Mastership.Request(controller1))
            {
                //停止控制器的Rapid程序
                controller1.Rapid.Stop();
            }
        }
        catch (Exception ex)
        {
            //显示出错信息
            MessageBox.Show(ex.ToString());

        }
}
```

7．双击"停止"按钮，进入响应鼠标单击事件的代码编程。输入加粗的代码，用于停止工业机器人的控制。

## ▶ 4-2-4 在RobotStudio中运行测试

接下来，我们通过RobotStudio中的虚拟工业机器人工作站来测试一下软件的功能是否正常。

在叶晖老师的公众号（图4-3）里，可以下载到这个打包的虚拟工业机器人工作站文件。

图4-3 公众号叶晖yehui

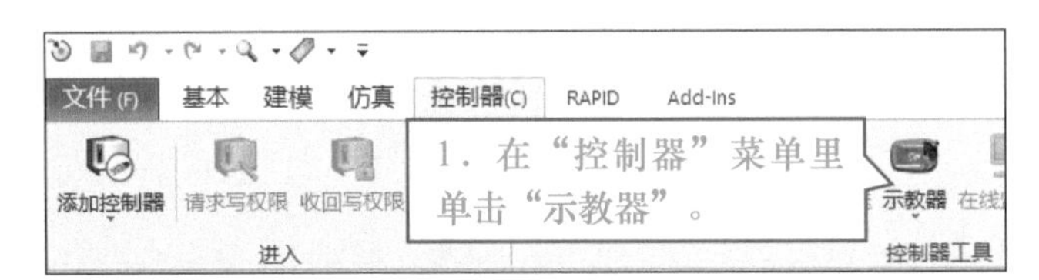

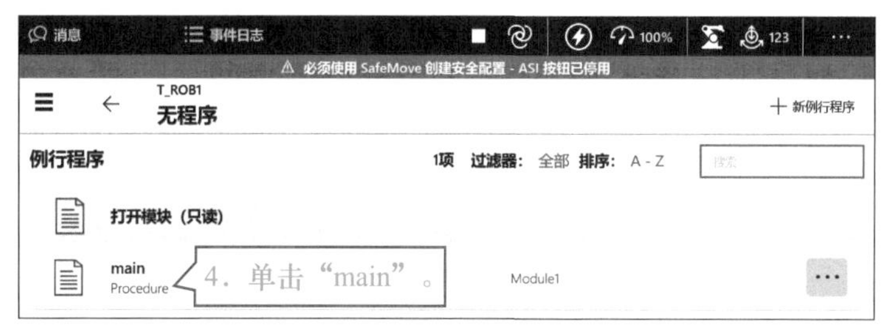
4. 单击"main"。

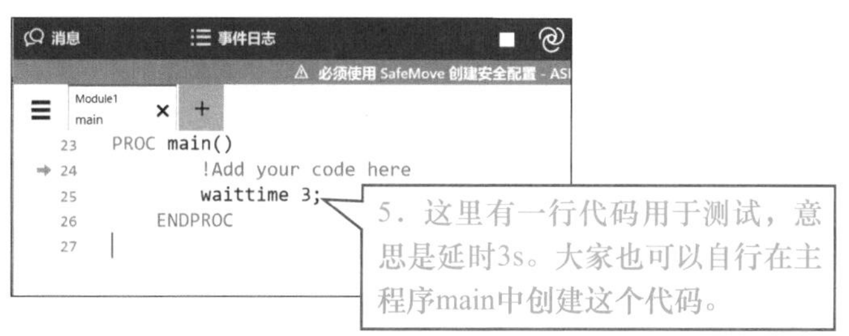
5. 这里有一行代码用于测试，意思是延时3s。大家也可以自行在主程序main中创建这个代码。

7. 单击右上角的快捷菜单按钮。
6. 单击"调试"，然后选择"PP移至Main"

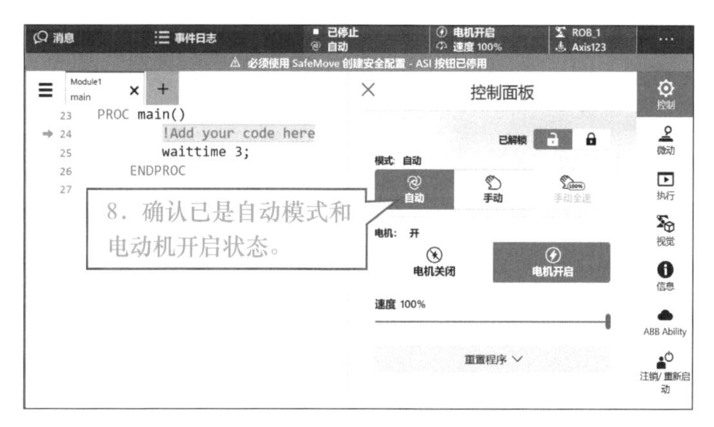
8. 确认已是自动模式和电动机开启状态。

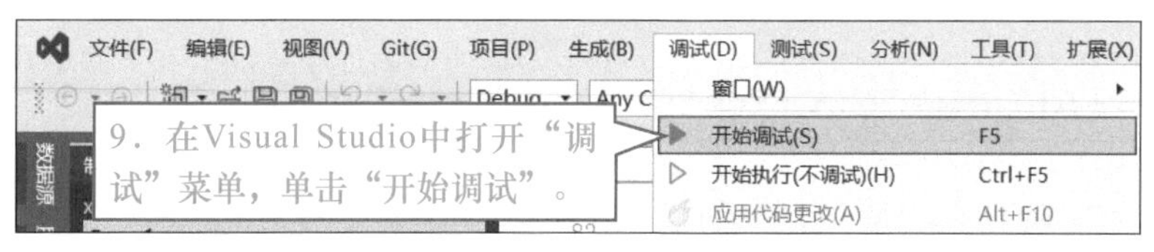
9. 在Visual Studio中打开"调试"菜单，单击"开始调试"。

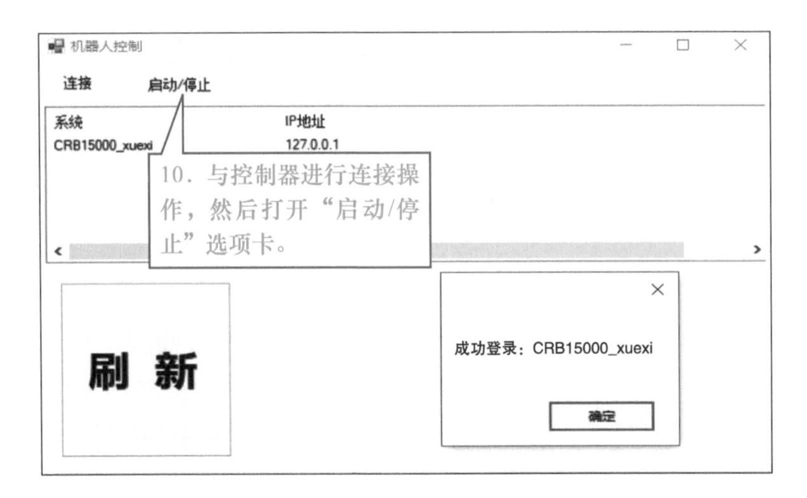


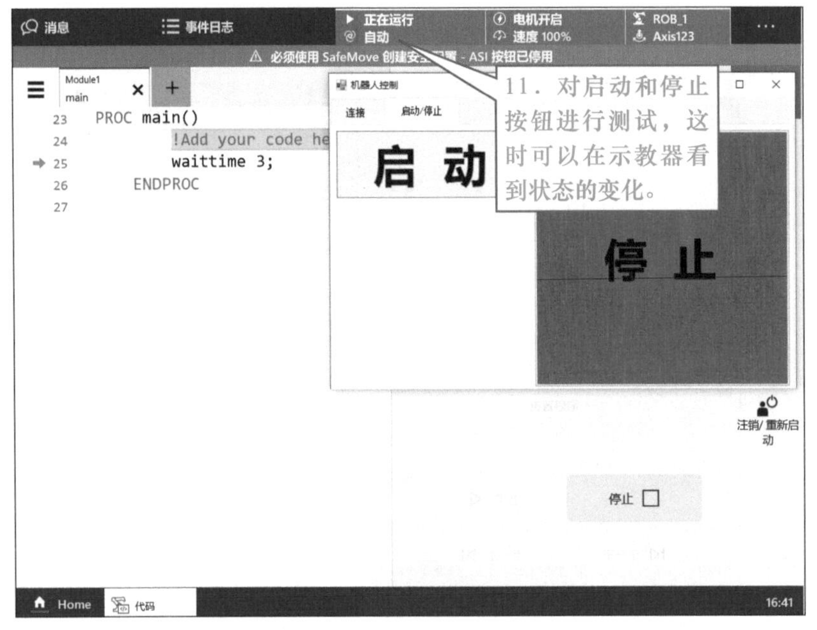


## 任务4-3　梳理知识点

吴　工：叶老师，我跟着你的步骤将软件做出来了，但是有些地方不是很明白，要请教你一下。

叶老师：没问题！我一个个给你讲明白。

### ▶ 4-3-1　控件属性中（Name）和Text的区别

叶老师一开始在设定控件的属性时，被两个名字搞得晕头转向，不知道你有没有这样的困惑？就是（Name）和Text。通过一番认真阅读说明，终于搞清楚它们之间的区别了。下面就以连接控制器功能中的“刷新”按钮为例进行说明。

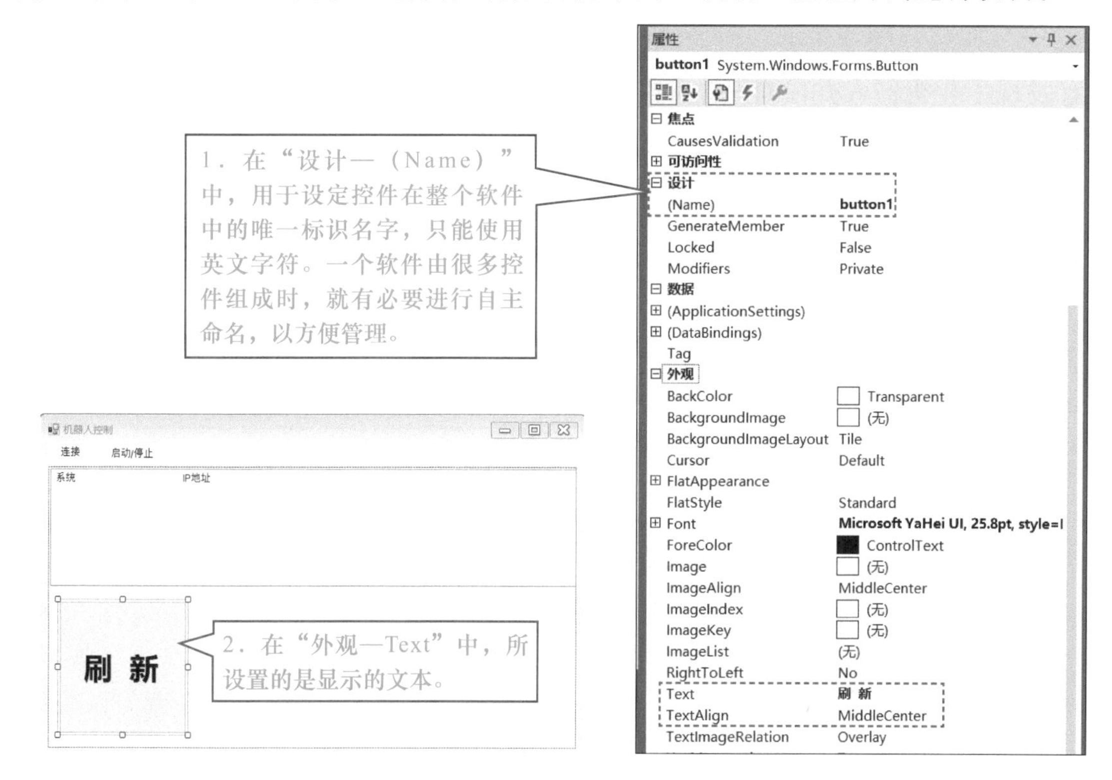


## ▶ 4-3-2 为什么“启动”和“停止”两个按钮大小不一样

“停止”按钮的功能首先是用于停止工业机器人的Rapid程序的执行，其次是在紧急的情况下通过“停止”按钮，停止工业机器人的Rapid程序的执行。基于这样的考虑，将“停止”按钮做得更醒目和易于操作，如图4-4所示。

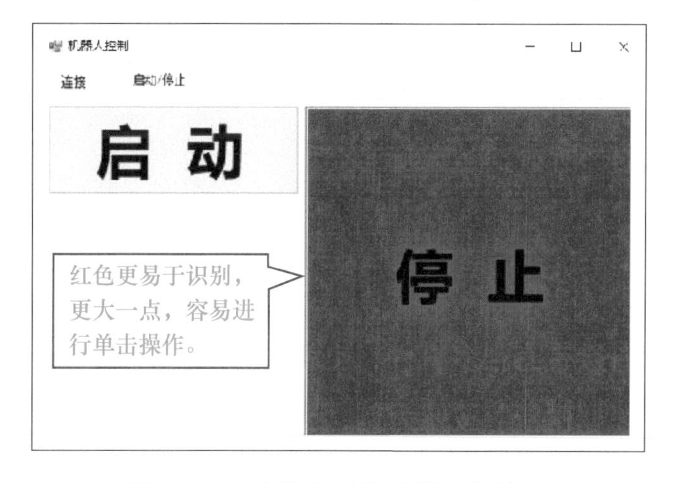


图4-4 工业软件里的“停止”按钮

### ▶ 4-3-3　为什么单击“停止”按钮工业机器人不会马上停下来

当大家进一步为工业机器人编写更多的运行代码后，单击“停止”按钮，有没有发现工业机器人并没有马上就停下来。

这是因为对工业机器人进行停止的控制所使用的方法，如果不指定具体的停止方式，就会按照默认的参数即当前程序执行完毕后停止。大家可以根据实际控制的需要，选择停止的方式。停止方式如下：

```
//在当前RAPID程序执行完毕后停止
controller1.Rapid.Stop();

//在当前循环执行完毕后停止
controller1.Rapid.Stop(StopMode.Cycle);

//在当前程序指令执行完毕后停止
controller1.Rapid.Stop(StopMode.Instruction);

//马上停止
controller1.Rapid.Stop(StopMode.Immediate);
```

### ▶ 4-3-4　熟悉而陌生的Form1.cs

到目前为止，我们是通过在Form1.cs中设计软件界面和编写代码来实现软件的功能。Form1.Designer.cs是专用的描述软件界面的文件，隶属于Form1.cs。Form1.cs的细节如图4-5所示。

### ▶ 4-3-5　在软件界面单击按钮就有对应功能，背后是怎么实现的

每一个控件自身会带有很多事件，也就是说你对控件做一种操作，会有对应的事件做出响应。以“刷新”按钮为例，当它被鼠标单击，就会去搜索已连接的控制器。那么背后这个事情是怎么发生的呢？

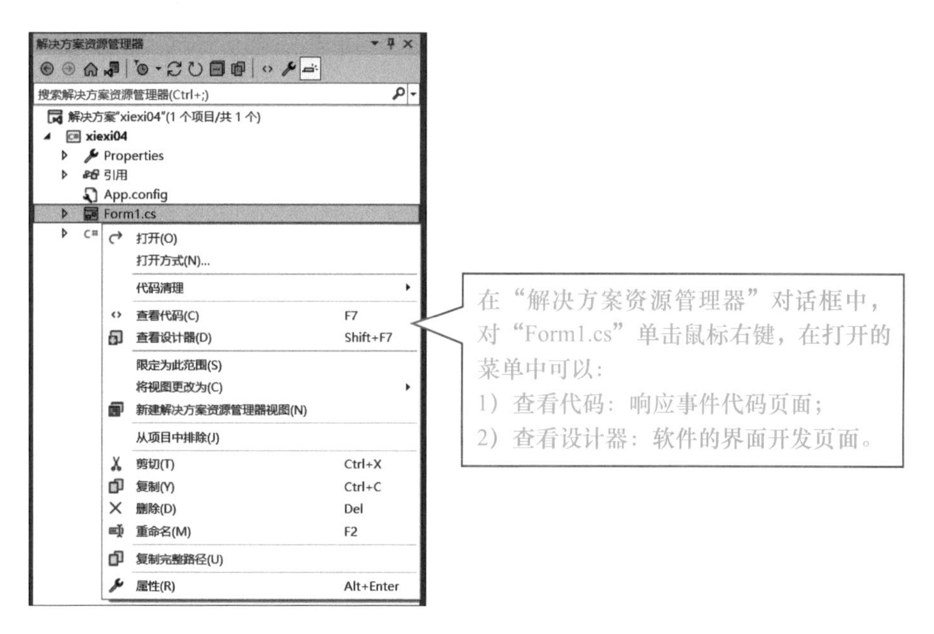


图4-5　Form1.cs的细节

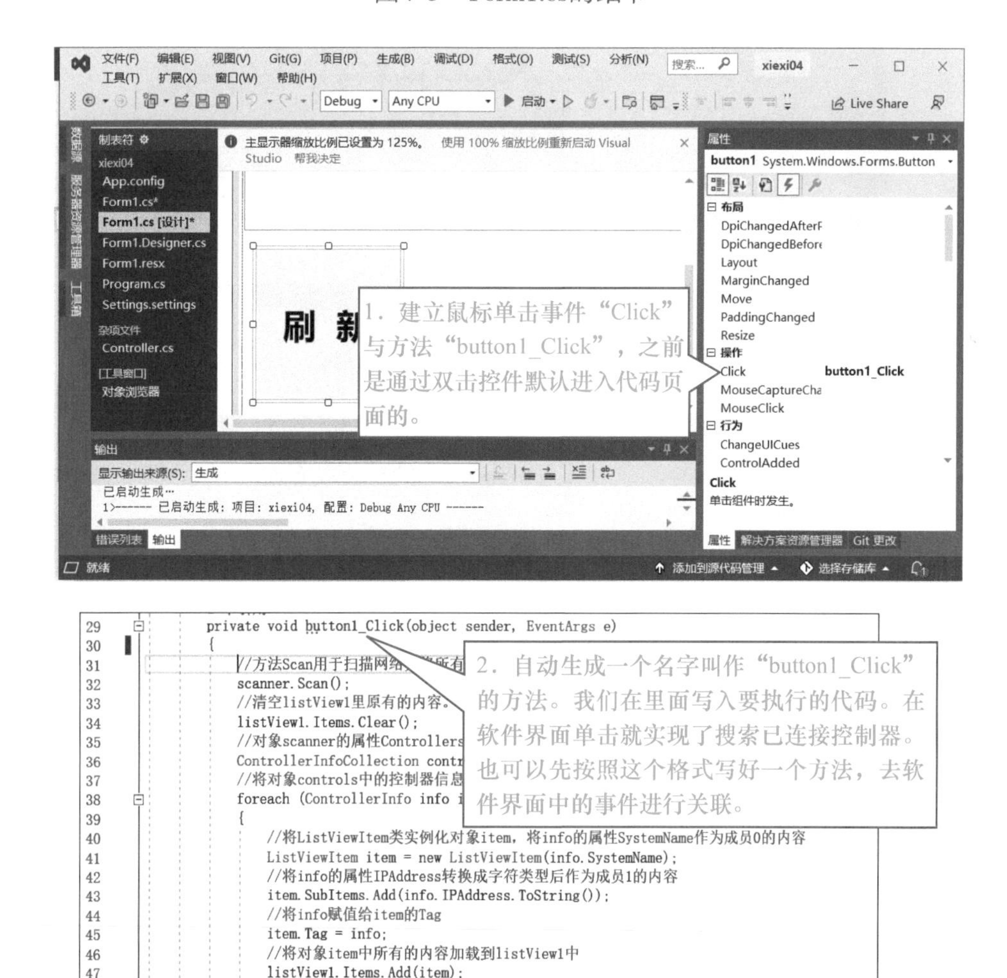

如果事件关联的方法名不对应，会有什么事情发生呢？我们来体验一下。

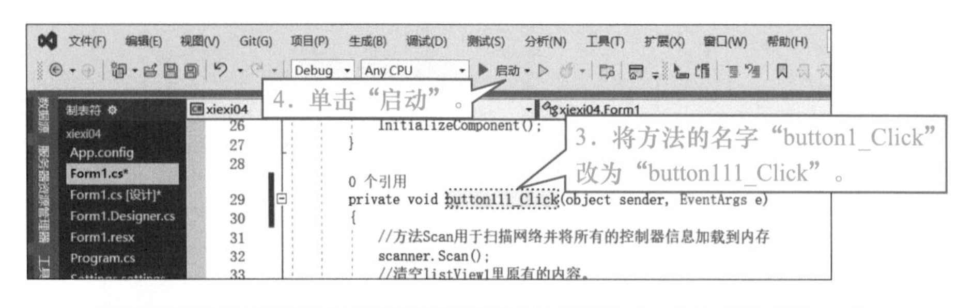


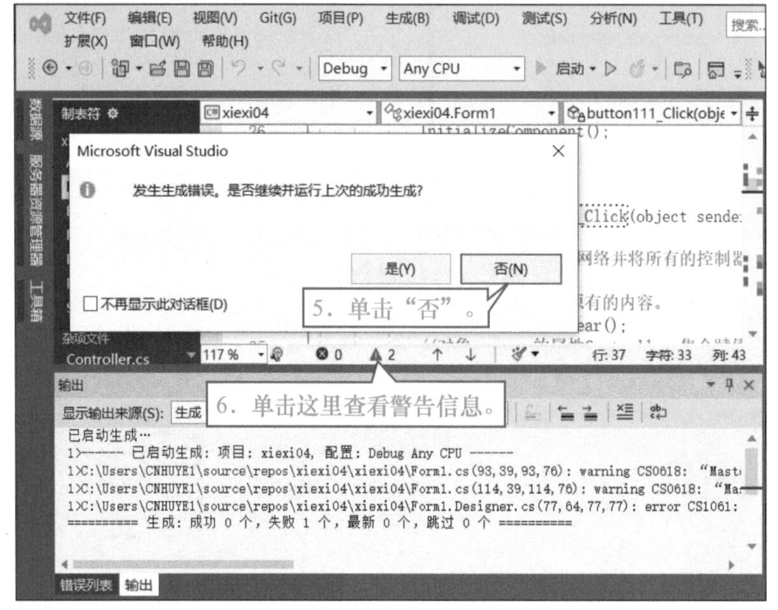


这时，查看设计器（快捷键<shift+F7>）也报错了。

因为出错，软件界面无法显示，而显示的是软件界面的代码页面。其实，我们之前看到的软件界面的属性与事件背后也是用代码来描述的。第77行就是描述鼠标单击事件“Click”无法找到对应名字的方法“button1_Click”，所以用红色波浪线进行标识报错。

```
68          // button1
69          //
70          this.button1.Font = new System.Drawing.Font("Microsoft YaHei UI", 25.8F, System.I
71          this.button1.Location = new System.Drawing.Point(17, 196);
72          this.button1.Name = "button1";
73          this.button1.Size = new System.Drawing.Size(191, 193);
74          this.button1.TabIndex = 1;
75          this.button1.Text = "刷  新";
76          this.button1.UseVisualStyleBackColor = true;
77          this.button1.Click += new System.EventHandler(this.button1_Click);
```

8．如果对应的方法代码已不再使用，只需要将这一行代码删除即可。

9．在Form1.cs中，将方法名字恢复为“button1_Click”，出错标识就消除了。

## ▶ 4-3-6 ABB独有命名空间：Mastership类

Mastership类是ABB工业机器人提供的，用于让上位机软件管理工业机器人控制器的控制权。在这里，我们已使用了Request()方法，在获取当前已建立连接的控制器的控制权后，才能对Rapid程序进行启动/停止的控制。

## ▶ 4-3-7 指令using的一个新用法

我们一直在代码最开始的地方使用using + 命名空间名字，这样可以在程序中直接用命令空间中的类型，而不必指定类型的详细命名空间，类似于Java的import，这个功能也是最常用的。

当在某个代码段中使用了类的实例，某些类型的非托管对象有数量限制或很耗费系统资源时，尽可能快地释放它们是非常重要的。希望无论什么原因，只要离开了这个代码段就自动调用这个类实例的Dispose( )方法。语法格式如下：

```
using (资源类型 实例名 = 表达式)
{
        要执行的内容;
}
```

在本项目中，我们在“启动”按钮的单击事件里，需要获得对控制器的控制权，这个控制权是具有独占性的，所以当操作执行完了以后，就会自动使用Mastership类自带的Dispose( )方法释放控制权，为别的功能做准备。如图4-6所示。

```
92          //请求当前控制器Rapid的权限
93          using (Mastership m = Mastership.Request(controller1.Rapid))
94          {
95              //启动控制器的Rapid程序
96              controller1.Rapid.Start();
97          }
```

图4-6 using的使用实例

## ▶ 4-3-8　使用try指令来实现异常处理

在软件的运行过程中，不可避免地会出现运行异常。出现异常的原因，有可能是软件违反了系统或程序的约束，或出现了在正常操作时未曾预料的情形。

使用try指令就可以在出现异常时，编写专门的代码来处理异常。try指令包含三部分：

1）try块，包含正常要执行的代码。

2）catch块，包含异常处理的代码，可以有多个catch块来应对不同的异常。

3）finally块，包含在所有情况下都要被执行的代码，可以被省略。

语法格式如下：

```
try
{
        正常要执行的代码;
}
catch (出错的原因)
{
        异常处理代码;
}
finally
{
        都要被执行的代码;
}
```

在本项目中，我们对“启动”和“停止”按钮使用了异常处理的程序架构，目的是在执行异常时，会显示一个提示给操作者，操作者根据提示做进一步的处理。出错处理实例如图4-7所示。

```
90          try
91          {
92              //请求当前控制器Rapid的权限
93              using (Mastership m = Mastership.Request(controller1.Rapid))
94              {
95                  //启动控制器的Rapid程序
96                  controller1.Rapid.Start();
97              }
98          }
99          catch (Exception ex)
100         {
101             //显示出错信息
102             MessageBox.Show(ex.ToString());
103
104         }
```

图4-7　出错处理实例

### ▶ 4-3-9 用MessageBox.Show()与操作者互动

MessageBox.Show()用于弹出消息窗口，是与操作者互动的功能。

示例：

MessageBox.Show(*填写需要在消息窗口显示的文本，这里一定要转换为string*)。

## 任务4-4 挑战一下自己

吴　工：叶老师，目前遇到的问题我都弄明白了，并找到了解决的方法。
叶老师：那我就要考考你了？
吴　工：没问题，请出题吧！

- 练习开发控制工业机器人的启动与停止功能。
- 简述控件TabControl的作用。
- 控件属性中的（Name）和Text的区别是什么？
- 为什么“启动”和“停止”两个按钮大小不一样？
- 如果事件关联的方法名不对应，会有什么事情发生？
- 简述ABB独有命名空间Mastership类。
- 简述using指令的两种主要用法。
- 简述try指令的用法。

# 项目5 工业机器人上下电和程序指针的复位操作

## 学习目标

- ✧ 学会工业机器人上下电和程序指针复位的按钮制作。
- ✧ 理解工业机器人上下电和程序指针复位事件的代码。
- ✧ 理解ABB命名空间RapidDomain的功能。
- ✧ 理解工业机器人系统任务。
- ✧ 掌握枚举的用法。
- ✧ 掌握数组的用法。
- ✧ 掌握比较运算符的用法。
- ✧ 理解异常处理时异常类的用法。

## 任务5-1 现状把握

吴　工：叶老师，非常感谢你！我终于可以在计算机上进行工业机器人的启动与停止的控制了。目的基本达成！

叶老师：吴工，恭喜你！这么快就掌握了，但是你觉得还有进一步改善的空间吗？

吴　工：让我想一想。对了，在使用这个软件之前，其实还需要在示教器进行电动机上电和指针复位到主程序的操作，能不能将这些操作也放在软件里实现呢？

叶老师：应该没问题，我们一起来试一试吧！

# 任务5-2 实施

叶老师：吴工，你跟着我的步骤进行操作，一下子不能理解的地方请记录下来，后面集中给你讲解。

吴 工：好的，叶老师。

## 5-2-1 设计软件界面UI

我们要为工业机器人上下电和指针的复位操作在软件界面里设计三个按钮。这里，给出叶老师根据自己的工作经验设计的软件界面，如图5-1所示。

图5-1 叶晖老师设计的启动/停止软件界面

这样布置按钮是基于以下的考虑：

1）与安全相关的停止类按钮，要更醒目，更易于操作。

2）按照操作流程将按钮进行编号。

大家在设计时，如果有更好的创意，可以尽情发挥。

## 5-2-2 编写单击事件的代码

1．在public partial class Form1 : Form下，输入以下的代码：

```
//工业机器人控制器RapidTask类实例化对象为数组tasks
private ABB.Robotics.Controllers.RapidDomain.Task[] tasks = null;
```

2．添加“1程序指针复位”按钮的单击事件的代码（请注意，为了方便管理，控件的名字已修改）：

```
private void button_PPtoMAIN_Click(object sender, EventArgs e)
{
        try
        {
            //判断控制器是否为自动模式
            if (controller1.OperatingMode == ControllerOperatingMode.Auto)
            {
                //将控制器里的Rapid系统任务集合提取到tasks
                tasks = controller1.Rapid.GetTasks();
                //请求当前控制器Rapid的权限
                using (Mastership m = Mastership.Request(controller1.Rapid))
                {
                    //将控制器的第一个工业机器人运动任务的指针复位
                    tasks[0].ResetProgramPointer();
                    MessageBox.Show("程序指针已复位");
                }
            }
            else
            {
                MessageBox.Show("请切换到自动模式");
            }
        }
        //没有获得控制权时的异常处理
        catch(System.InvalidOperationException ex)
        {
            MessageBox.Show("权限被其他客户端占有"+ex.Message);
        }
        //当发生指针复位异常时的处理
        catch (System.Exception ex)
        {
            MessageBox.Show("异常处理：" + ex.Message);
        }
}
```

3．添加“2电机上电”按钮的单击事件的代码（请注意，为了方便管理，控件的名字已修改）：

```
private void button_MotorOn_Click(object sender, EventArgs e)
{
    try
    {
        //判断控制器是否为自动模式
        if (controller1.OperatingMode == ControllerOperatingMode.Auto)
        {
            //上电操作
            controller1.State = ControllerState.MotorsOn;
            MessageBox.Show("上电成功");
        }
        //不是自动模式的处理
        else
        {
            MessageBox.Show("请切换到自动模式");
        }
    }
    //当发生上电异常时的处理
    catch (System.Exception ex)
    {
        MessageBox.Show("异常处理：" + ex.Message);
    }
}
```

4．添加“电机下电”按钮的单击事件的代码（请注意，为了方便管理，控件的名字已修改）：

```
private void button_MotorOff_Click(object sender, EventArgs e)
{
    try
    {
        //判断控制器是否为自动模式
        if (controller1.OperatingMode == ControllerOperatingMode.Auto)
        {
```

```
                //上电操作
                controller1.State = ControllerState.MotorsOff;
                MessageBox.Show("下电完成");
            }
            //不是自动模式的处理
            else
            {
                MessageBox.Show("请切换到自动模式");
            }
        }
        //当发生上电异常时的处理
        catch (System.Exception ex)
        {
                MessageBox.Show("异常处理：" + ex.Message);
        }
}
```

## 5-2-3　在RobotStudio中运行测试

接下来，我们通过RobotStudio中的虚拟工业机器人工作站来测试一下软件的功能是否正常。具体操作如下：

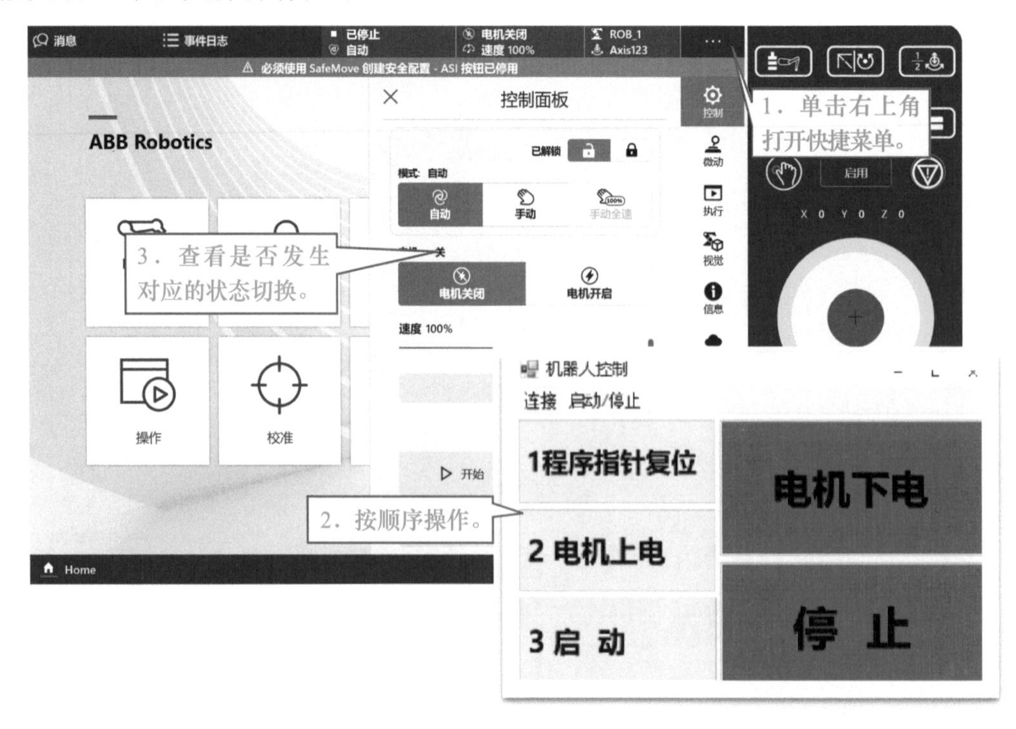

# 任务5-3 梳理知识点

吴　工：叶老师，我跟着你的步骤将软件做出来了，但是有些地方不是很明白，要请教你一下。

叶老师：没问题！我一个个给你讲明白。

## 5-3-1 ABB命名空间RapidDomain的功能

ABB命名空间RapidDomain是ABB工业机器人提供的，用于让上位机软件与工业机器人控制器Rapid编程实现相关的交互。在这里，我们已使用了Task类，用于获取当前连接控制器的Rapid任务集合。

```
//工业机器人控制器RapidTask类实例化对象为数组tasks
private ABB.Robotics.Controllers.RapidDomain.Task[] tasks = null;
//将控制器里的Rapid任务集合提取到tasks
tasks = controller1.Rapid.GetTasks();
```

## 5-3-2 工业机器人系统里到底有多少个系统任务运行Rapid

Rapid编程语言是ABB工业机器人系统用于运动与逻辑控制所使用的语言。一般控制器只有一个任务，使用Rapid进行编程实现工业机器人运动与逻辑控制。我们还可以添加Multitasking多任务选项，最多支持20个并发任务。但是，永远只有第一个作为前台任务支持工业机器人运动的编程控制，其他任务多作为后台任务，用于与视觉、上位机或PLC进行通信，与任务之间是通过在各自任务中定义存储类型为PERS的同名变量进行通信的。

在本项目中，我们是通过对控制器收集到的任务集合的第一个（也就是前台用于工业机器人运动的）任务进行程序指针的复位，为下一步的启动/停止做好准备。后台任务在控制器通电后，就开始连续地循环执行。

```
//将控制器的第一个工业机器人运动任务的指针复位
tasks[0].ResetProgramPointer();
```

## 5-3-3 什么是枚举

我们在上电和下电的按钮中有一个判断的代码：

```
if (controller1.OperatingMode == ControllerOperatingMode.Auto)
{
        ⋮
 }
else
{
        ⋮
}
```

首先，我们要提取出当前控制器的状态是什么。然后与ControllerOperating Mode（枚举类型）的成员Auto进行比较，如果controller1.OperatingMode当前的值也是Auto，就执行{}里的内容，否则就执行else里的内容。

为什么不直接用一个Auto与控制器的状态进行比较，而要这么复杂？因为控制器的状态就是固定的那几种，提前收集好供工程师进行调用，减少脑力的负担，这样不是更高效便捷吗。

控制器状态的枚举如图5-2所示。

Enum ControllerOperatingMode

Specifies the operating modes of the controller.

**Namespace:** ABB.Robotics.Controllers
**Assembly:** ABB.Robotics.Controllers.PC.dll
Syntax

```
public enum ControllerOperatingMode
```

**Fields**

| Name | Description |
| --- | --- |
| Auto | Automatic mode (production) |
| AutoChange | A change to automatic mode has been requested. |
| Init | Initialize mode. |
| ManualFullSpeed | Manual full speed mode. |
| ManualFullSpeedChange | A change to manual full speed has been requested. |
| ManualReducedSpeed | Manual reduced speed mode |
| NotApplicable | Controller operating mode is not applicable in current controller state. |

图5-2　控制器状态的枚举

使用枚举的好处有以下几点：

1）枚举能够使代码更加清晰，它允许使用描述性的名称表示整数值。

2）枚举使代码更易于维护，有助于确保给变量指定合法的、期望的值。

3）枚举使代码更易输入。

声明枚举的一般语法如下：

```
// enum_name 指定枚举的类型名称
enum <enum_name>
{
   // enumeration list 是一个用逗号分隔的标识符列表
   enumeration list
};
```

枚举列表中的每个成员代表一个整数值（int），一个比它前面的符号大的整数值。默认情况下，第一个枚举成员的值是0。比如：

```
enum Mode
{
     Auto,
     Manual
}
```

其中，Auto代表0，Manual代表1。

回到本项目，进行比较的两个值必须是同一类型的，OperatingMode的返回结果是ControllerOperatingMode，所以要用ControllerOperatingMode枚举类型的成员来比较逻辑运算，而不能简单地用一个Auto字符来代替。

在本项目中，我们还用到图5-3所示的这个枚举类型ControllerState。

# Enum ControllerState

Specifies the states of the controller.

**Namespace:** ABB.Robotics.Controllers
**Assembly:** ABB.Robotics.Controllers.PC.dll

Syntax

```
public enum ControllerState
```

## Fields

| Name | Description |
| --- | --- |
| EmergencyStop | Emergency stop state. |
| EmergencyStopReset | Emergency stop reset state. |
| GuardStop | Guard stop state. |
| Init | Initialize state. |
| MotorsOff | Motors off state. |
| MotorsOn | Motors on state. |
| SystemFailure | System failure state. |
| Unknown | Unknown state. |

图5-3 枚举类型ControllerState

## 5-3-4 什么是数组

在本项目中，我们要从控制器获取系统任务的集合，然后对第一个任务的程序指针进行复位的操作。

```
//工业机器人控制器RapidTask类实例化对象为数组tasks
private ABB.Robotics.Controllers.RapidDomain.Task[] tasks = null;

//将控制器里的Rapid系统任务集合提取到tasks
tasks = controller1.Rapid.GetTasks();
//请求当前控制器Rapid的权限
using (Mastership m = Mastership.Request(controller1.Rapid))
{
    //将控制器的第一个工业机器人运动任务的指针复位
    tasks[0].ResetProgramPointer();
    MessageBox.Show("程序指针已复位");
}
```

要获取系统任务的集合，就要用到数组tasks。数组是用来存储数据的集合，通常认为数组是一个同一类型变量的集合。数组的定义实例如图5-4所示。

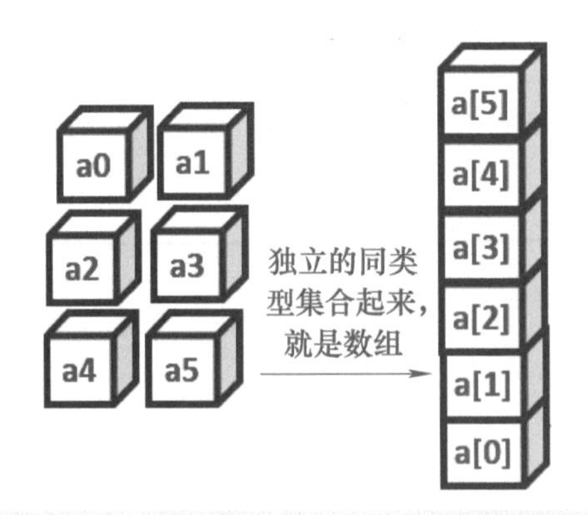


```
//实例化整数型一维数组a，一共有6个成员
int[] a = new int[6]
//将第一个索引号为0的成员赋值为3
a[0] = 3;
```

图5-4 数组的定义实例

数组的编号是从0开始，作为数组第0行变量的编号。这个跟我们习惯数数从1开始不一样。

为了方便管理，将同类型的大量的一维数组集合在一起，组成二维数组。二维数组的定义实例如图5-5所示。

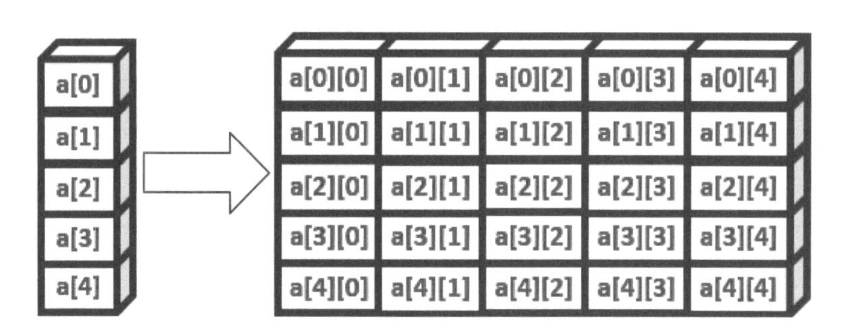


```
//实例化整数型二维数组a，5行5列共25个成员
int[ ,] a = new int[5,5]
//将索引号为[0,2]的成员赋值为3
a[0,2] = 3;
```

图5-5 二维数组的定义实例

## 5-3-5 C#有哪些常用的比较运算符

在本项目中，使用了比较运算符==去判断当前系统的状态。

```
if (controller1.OperatingMode == ControllerOperatingMode.Auto)
{
        ⋮
 }
else
{
        ⋮
}
```

比较运算符就是比较它们的操作数并返回bool数值。常用比较运算符见表5-1（假设变量A的值为10，变量B的值为20）。

表5-1　比较运算符

| 运算符 | 描　述 | 实　例 |
| --- | --- | --- |
| == | 检查两个操作数的值是否相等，如果相等则条件为真 | （A==B）不为真 |
| != | 检查两个操作数的值是否不相等，如果不相等则条件为真 | （A!=B）为真 |
| > | 检查左操作数的值是否大于右操作数的值，如果是则条件为真 | （A>B）不为真 |
| < | 检查左操作数的值是否小于右操作数的值，如果是则条件为真 | （A<B）为真 |
| >= | 检查左操作数的值是否大于或等于右操作数的值，如果是则条件为真 | （A>=B）不为真 |
| <= | 检查左操作数的值是否小于或等于右操作数的值，如果是则条件为真 | （A<=B）为真 |

## 5-3-6　异常处理时会用到的异常类

在本项目中，使用了指令try…catch来处理异常发生时的信息反馈。

```
//没有获得控制权时的异常处理
catch(System.InvalidOperationException ex)
{
    MessageBox.Show("权限被其他客户端占有"+ex.Message);
}
    //当发生指针复位异常时的处理
catch (System.Exception ex)
{
    MessageBox.Show("异常处理：" + ex.Message);
}
```

C#异常是使用类来表示的。C#中的异常类主要是直接或间接地派生于System.Exception 类。这些反馈的异常信息都来源于system.Exception基类。异常类说明见表5-2。

表5-2　异常类说明

| 异常类 | 说　明 |
| --- | --- |
| system.Exception | 表示在应用程序执行期间出现的错误 |
| System.InvalidOperationException | 已使用到的异常类有当程序包含无效的Microsoft中间语言（MSIL）或元数据时引发的异常。这通常表示生成该程序的编译器中存在错误 |

异常对象含有只读属性，带有导致该异常的信息。常用的异常信息属性见表5-3。

表5-3 异常信息属性

| 属　性 | 类　型 | 说　明 |
| --- | --- | --- |
| Message | string | 含有解释异常原因的消息 |
| StackTrace | string | 含有描述异常发生在何处的信息 |

## 任务5-4 挑战一下自己

**吴　工**：叶老师，目前遇到的问题我都弄明白了，并找到了解决的方法。

**叶老师**：那我就要考考你了！

**吴　工**：没问题，请出题吧！

○ 练习开发工业机器人上下电和指针复位的功能。

○ 简述软件界面设计时为何按钮有不一样的外观。

○ 简述上下电与程序指针复位事件代码的含义。

○ 工业机器人系统任务最多有多少个，为什么只对第一个系统任务进行程序指针复位？

○ 什么是枚举？举例说明枚举的实际应用情景。

○ 什么是数组？

○ C#的比较运算符有哪些？

○ 本项目中的异常类有哪些？

# 项目6 工业机器人事件日志的查看

## 学习目标

- ✧ 学会控件TextBox的使用。
- ✧ 理解工业机器人系统事件日志获取的代码。
- ✧ 理解ABB命名空间EventLogDomain的功能。
- ✧ 理解工业机器人系统事件日志的分类。
- ✧ 掌握事件日志编号合成的方法。
- ✧ 掌握字符显示换行的方法。

## 任务6-1 现状把握

**叶老师**：吴工，你今天来晚了。是不是工作很忙啊！

**吴　工**：叶老师，今天工业机器人出了点小问题，在现场查看好工业机器人事件日志后，又跑回办公室查资料，来来回回走了几次，我今天的步数快要追平最高纪录了。所以，我在想，能不能我在办公室收到操作工的报修后，通过软件远程读取工业机器人的事件日志，确定要解决的故障方案再去现场排除呢？这样子就可以缩短停机时间了。

**叶老师**：这个是可以实现的，我们一起来试一试吧！

## 任务6-2 实施

**叶老师**：我们接着在原有的工业机器人控制软件里，添加这个事件日志的查看功能。如图6-1所示。

图6-1　工业软件查看事件日志的功能

吴　工：好的，叶老师。

## ▶ 6-2-1　设计软件界面UI

我们要为工业机器人事件日志的查看创建一个新的选项卡和一个获取更新的按钮。具体操作如下：

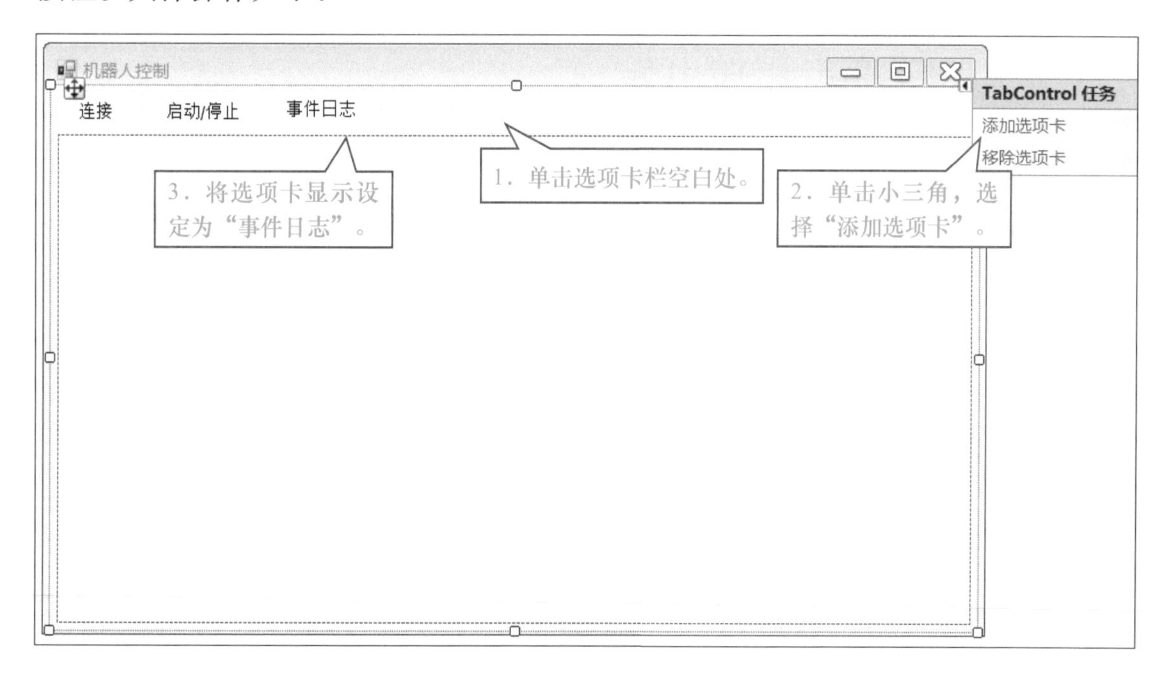

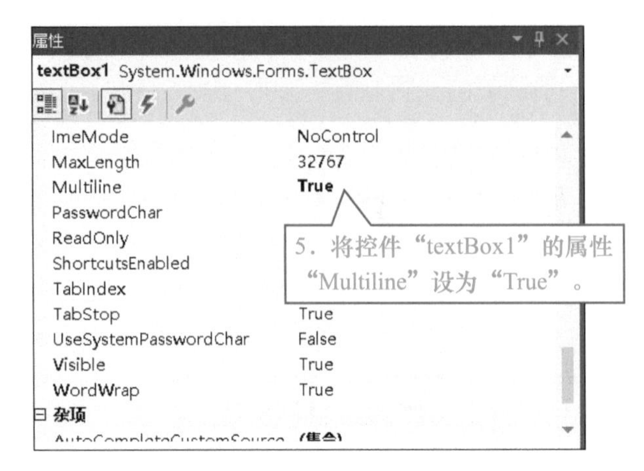


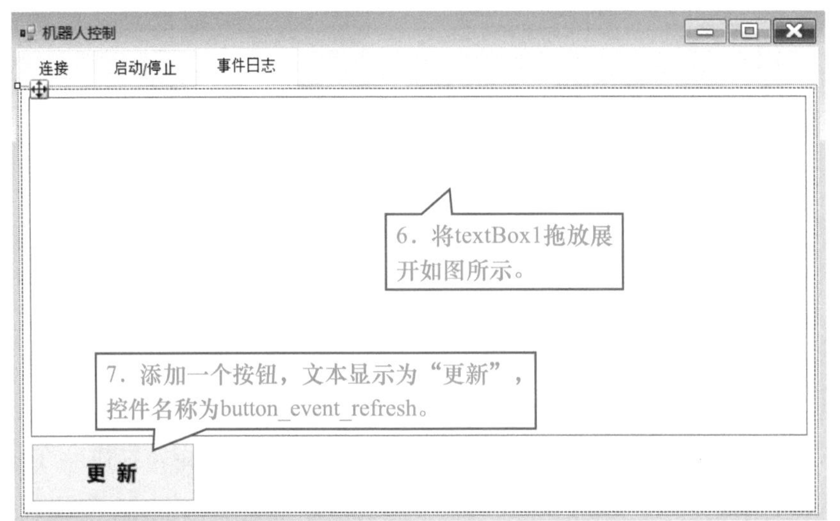


## ▶ 6-2-2　编写单击事件的代码

1. 在Form1.cs的开头添加引用，代码如下：

```
using ABB.Robotics.Controllers.EventLogDomain;//引用事件日志相关的类
```

2. 为“更新”按钮编写单击事件的代码：

```
private void button_event_refresh_Click(object sender, EventArgs e)
{
    //将已连接控制器的全部类型的事件日志提取到eventsAll
    EventLogCategory eventsAll = controller1.EventLog.GetCategory(0);
    //将显示用的文本盒子清空
    textBox1.Text = "";
    //遍历获取到的事件日志
    foreach (EventLogMessage emsg in eventsAll.Messages)
```

```
    {
        //声明一个整数型的变量用于整合事件编号
        int eventNo;
        //将事件类别与事件序号合成为事件编号
        eventNo = emsg.CategoryId * 10000 + emsg.Number;
        //显示事件内容，包括发生时间+事件编号+事件简述
        textBox1.Text = textBox1.Text + emsg.Timestamp + "  " + eventNo.ToString() + "  "
+ emsg.Title + "  " + "\r\n";

    }
}
```

## ▶ 6-2-3　在RobotStudio中运行测试

下面通过RobotStudio中的虚拟工业机器人工作站来测试一下软件的功能是否正常。

1．在RobotStudio中打开一个工作站。

2．在工业机器人控制软件中连接虚拟控制器。

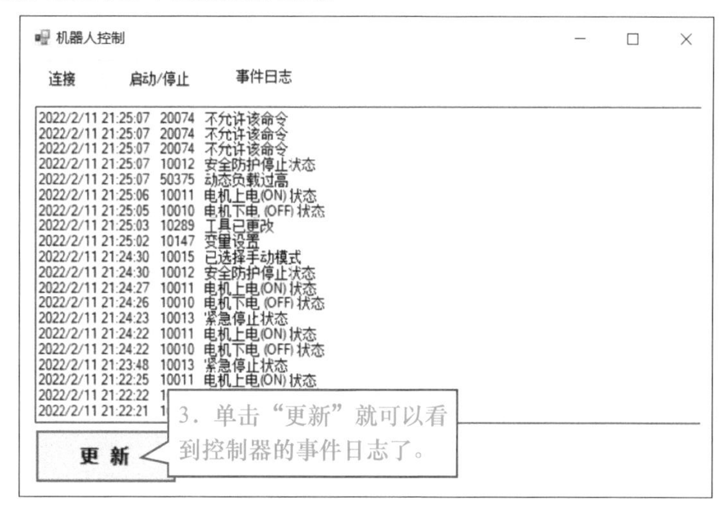


# 任务6-3　梳理知识点

吴　工：叶老师，我跟着你的步骤将软件做出来了，但是有些地方不是很明白，要请教你一下。

叶老师：没问题！我一个个给你讲明白。

## ▶ 6-3-1　ABB命名空间EventLogDomain的功能

ABB命名空间EventLogDomain是ABB工业机器人提供的，用于让上位机软件从工业机器人控制器获取事件日志相关的信息。在这里，我们已使用了EventLogCategory类，用于获取当前连接控制器中所有类别的事件日志。

```
//将已连接控制器的全部类型的事件日志提取到eventsAll
EventLogCategory eventsAll = controller1.EventLog.GetCategory(0);
```

## ▶ 6-3-2　工业机器人系统里的事件日志的分类

在工业机器人的示教器里可以随时查看事件日志。如图6-2所示。

图6-2　在工业机器人示教器查看事件日志

事件日志的编号是由一个5位的数字表示，其中第1～4位表示的是序列，而第5位表示的是事件的类别。事件日志说明见表6-1。

表6-1　事件日志说明

| 事件日志编号 | 说　　明 |
|---|---|
| 1×××× | 操作事件，与系统处理有关的事件 |
| 2×××× | 系统事件，与系统功能、系统状态等有关的事件 |
| 3×××× | 硬件事件，与系统硬件、工业机器人本体以及控制器硬件有关的事件 |
| 4×××× | 程序事件，与RAPID指令、数据等有关的事件 |
| 5×××× | 动作事件，与控制机械臂的移动和定位有关的事件 |
| 7×××× | I/O 事件，与输入和输出、数据总线等有关的事件 |
| 8×××× | 用户事件，用户定义的事件 |

（续）

| 事件日志编号 | 说 明 |
| --- | --- |
| 9×××× | 功能安全事件，与功能安全相关的事件 |
| 11×××× | 工艺事件，特定应用事件，包括弧焊、点焊等 |
| 12×××× | 配置事件，与系统配置有关的事件 |
| 13×××× | 喷涂机器人事件 |
| 15×××× | RAPID |
| 17×××× | Remote Service Embedded（嵌入式远程服务）事件日志 |

## ▶ 6-3-3　有没有快捷方法查看控件的属性与事件的含义

我们之前介绍过，如果要查看一个控件详细的介绍说明，只需选中控件，然后单击F1键就可以在Microsoft的在线帮助中查看。

那如果只是想在设置的过程中快速地确认或浏览一下正在使用的控件的属性与事件的简要说明，可以在图6-3所示的地方查看。

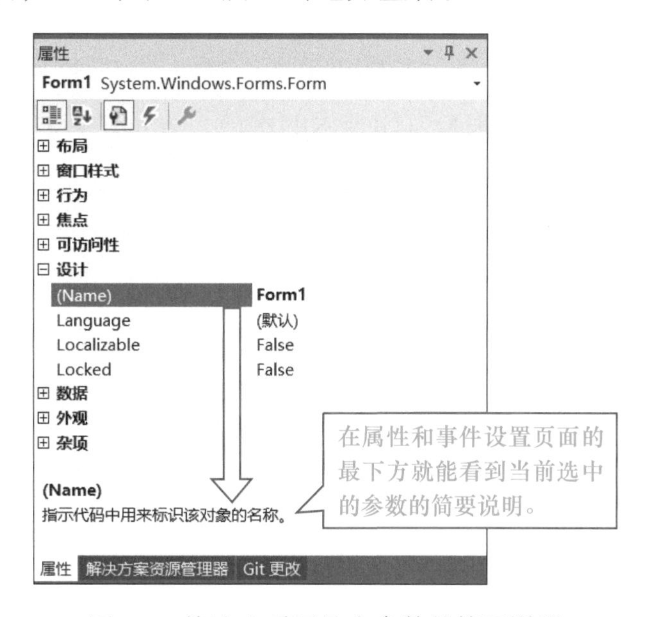


图6-3　快速查看属性中参数的简要说明

## ▶ 6-3-4　没想到数学运算加法可以这样用

ABB命名空间EventLogDomain包含的EventLogCategory类，是将工业机器人控制器中事件日志提取出来，然后将所有的信息存放在EventLogMessage类型的实例对象emsg中。事件日志的类别和序号分别在属性的CategoryId和Number里，如果要在软件里显示完整的事件日志编号就要进行一个合并的操作：

```
    //声明一个整数型的变量用于整合事件编号
    int eventNo;
    //将事件类别与事件序号合成为事件编号
    eventNo = emsg.CategoryId * 10000 + emsg.Number;
    //显示事件内容，包括发生时间+事件编号+事件简述
    textBox1.Text = textBox1.Text + emsg.Timestamp + "  " + eventNo.ToString() + "  " +
emsg.Title + "  " + "\r\n";
```

当数据要进行显示时，记得要将格式转换为string字符类型。

数值类型的对象进行相加，得到的是相加后的数学结果；而字符类型的对象进行相加，得到的是字符根据相加的顺序进行拼接。

### ▶ 6-3-5　显示输出字符时如何进行换行

在软件里，我们希望每一条事件日志单独一行，所以需要进行换行的操作。要实现这个需求，就要使用转义字符\n\r，它们具体的含义如下：

1）\r：表示回车，是从最老的打字机引入的概念，表示回到本行的开始位置。

2）\n：表示换行，同样来自打印技术的术语，表示跳转到下一行。

3）\r\n：表示连用，表示跳到下一行，并且返回到下一行的起始位置。

具体使用如上节代码所示。

## 任务6-4　挑战一下自己

吴　工：叶老师，目前遇到的问题我都弄明白了，并找到了解决的方法。

叶老师：那我就要考考你了！

吴　工：没问题，请出题吧！

- ○ 练习开发工业机器人事件日志的功能。
- ○ 如何设置控件TextBox的多行显示？
- ○ 简述ABB命名空间EventLogDomain有哪些功能。
- ○ 工业机器人系统里的事件日志有哪些分类？
- ○ 如何快捷查看控件的属性与事件的含义？
- ○ 简述事件日志编号代码的编写方法。
- ○ 显示输出字符时如何进行换行？

# 项目7 工业机器人运行速度的控制

## 学习目标

✧ 理解工业机器人运行速度控制的目的。
✧ 学会控件HScrollBar的使用。
✧ 学会控件Timer的使用。
✧ 学会使用代码设置属性的操作。
✧ 掌握指令MessageBox的使用方法。

## 任务7-1 现状把握

**叶老师**：吴工，眉头紧皱的，又在思考人生啊！

**吴　工**：叶老师，不是啦。在你的指导下开发的工业机器人控制软件得到现场技术员的一致好评，他们现在又想要增加一个新的功能：控制工业机器人的运行速度。

**叶老师**：为什么会有这样的需求呢？

**吴　工**：因为生产线的速度要根据每天的排产计划进行调整，不同产品的生产节拍是不一样的，为了实现JIT（Just in Time，准时化）生产，如果能根据情况方便地调节工业机器人的运行速度，那就太好了。

**叶老师**：吴工，不用担心。这正是软件的优点，能够敏捷地适应变化、满足需求，为智能硬件提供更多的附加价值。

**吴　工**：有道理。叶老师，能教教我怎么开发一个软件功能，实现工业机器人运行速度的实时控制吗？

**叶老师**：没问题，我们一起来试一试吧！

## 任务7-2　实施

叶老师：我们接着在原有的工业机器人控制软件里，添加这个工业机器人速度控制的功能。为了方便调节，我们速率用百分比来表示，如图7-1所示。

吴　工：好的，叶老师。

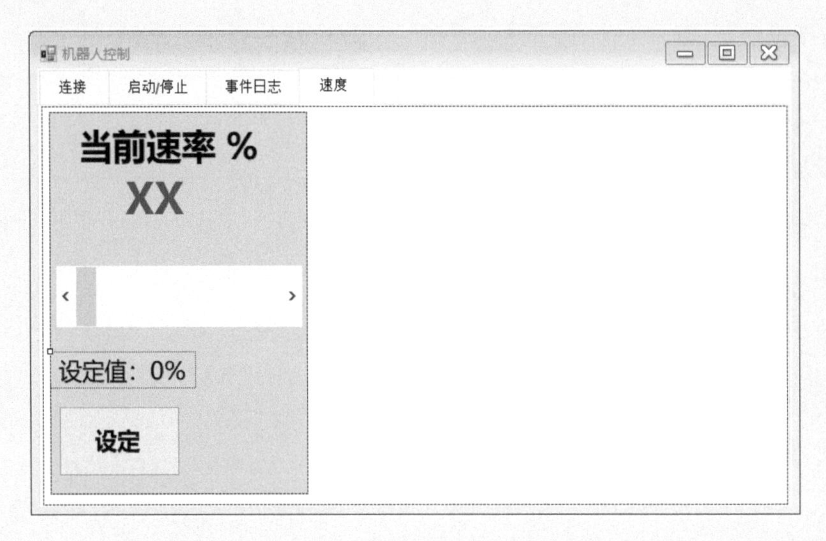


图7-1　软件中实现工业机器人运行速度的实时控制

### ▶ 7-2-1　设计软件界面UI

为了操作的便捷性，在软件里要实现监控当前实时工业机器人运行速率和设置速率这两个功能。具体步骤如下：

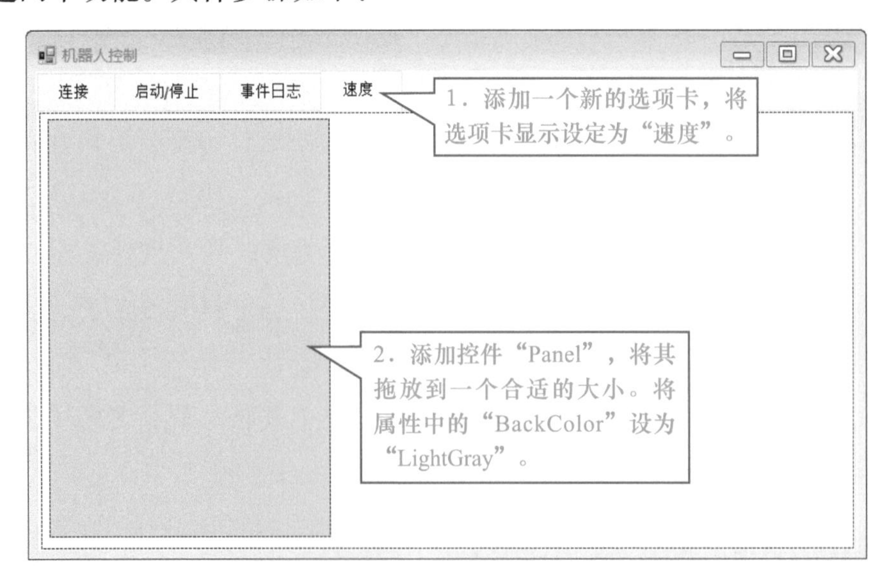

要实现这个功能，我们不需要使用整个软件的界面，所以我们用控件“Panel”来划分软件的界面，进行功能分区。空白未使用部分可以留着后面的学习用。

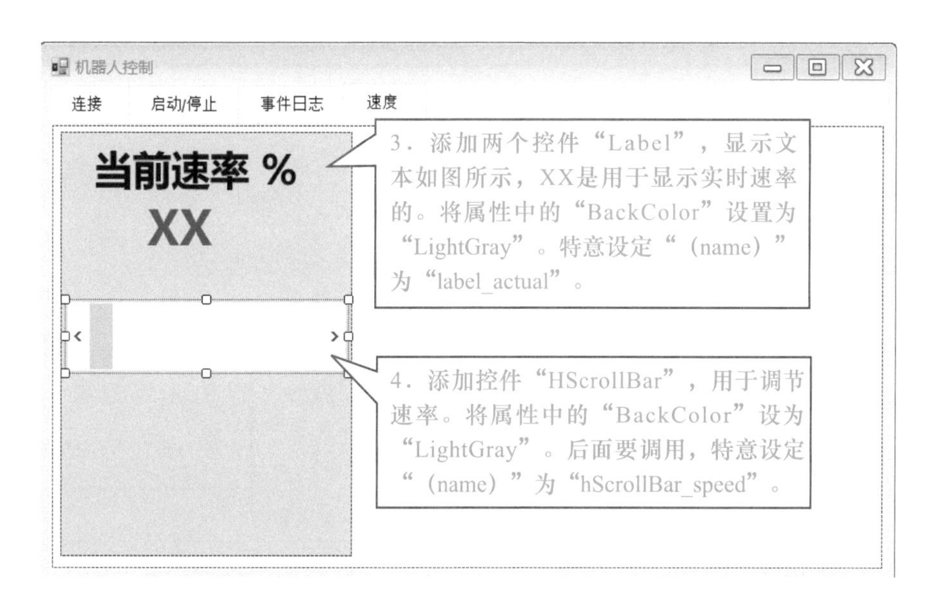


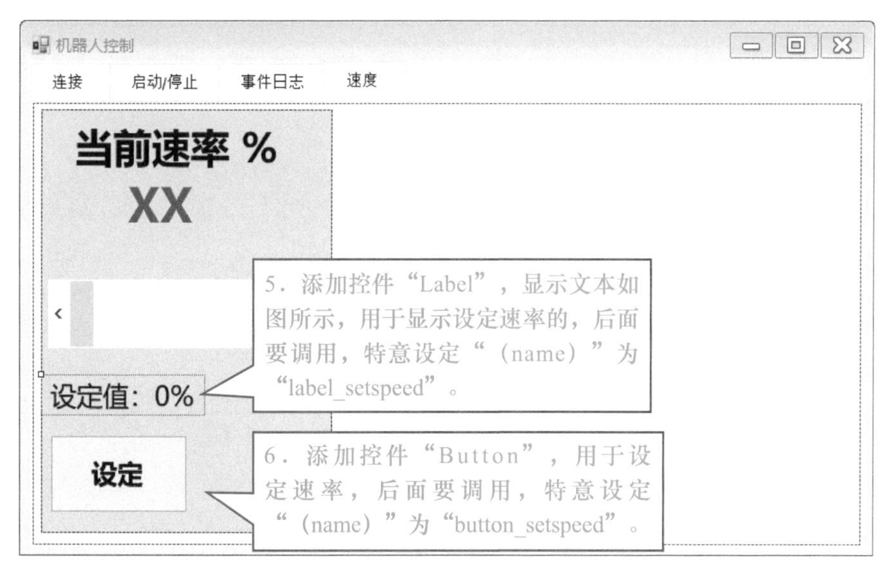


## ▶ 7-2-2 编写事件的代码

要实现“当前速率%”实时显示，就要用控件Timer，这个控件与之前通过鼠标单击触发事件不同，它是按照设定的时间间隔进行事件的触发。操作的流程如下：

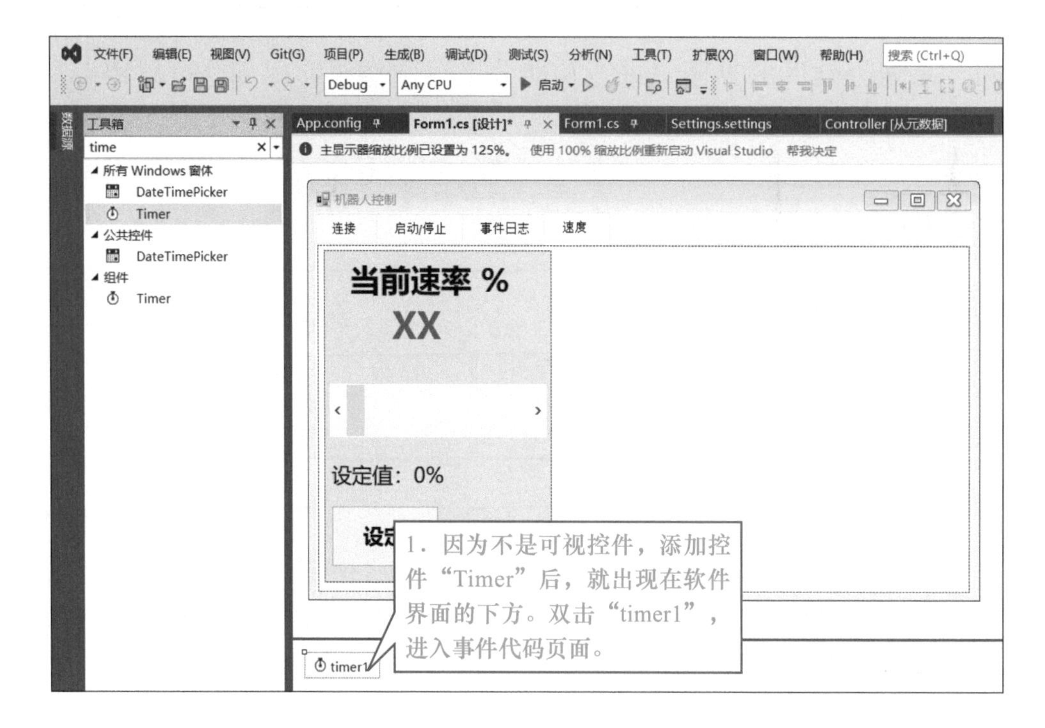


2．为实时显示“当前速率%”，定时触发事件激活编写代码，如下面虚线框所示。

```
private void listView1_SelectedIndexChanged(object sender, EventArgs e)
{
    //将选中的控制器赋值给对象item1
    ListViewItem item1 = this.listView1.SelectedItems[0];
    //如果Tag不为空，则进入循环
    if (item1.Tag != null)
    {
        //将item1.Tag转换为ControllerInfo类型后赋值给对象
        ControllerInfo controllerInfo1 = (ControllerInfo)item1.Tag;
        //如果控制器是有效的，则进入循环
        if (controllerInfo1.Availability == Availability.Available)
        {
            //如果对象controller1有效，则进入循环
            if (this.controller1 != null)
            {
                //对controller1进行登出、清空
                this.controller1.Logoff();
                this.controller1.Dispose();
```

```
                this.controller1 = null;
            }
            //将连接的信息赋值给对象controller1,连接的类型为Standalone
            controller1 = Controller.Connect(controllerInfo1, ConnectionType.Standalone);
            //用默认用户登录控制器
            this.controller1.Logon(UserInfo. DefaultUser);
            //激活定时事件timer1
            timer1.Enabled = true;
            //弹出对话框提示登录成功
            MessageBox.Show("成功登录：" + controllerInfo1.SystemName);
        }
        else
        {
            //弹出对话框提示登录失败
            MessageBox.Show("控制器连接失败！");
        }
    }
}
```

3．为实时显示“当前速率%”，定时触发事件执行编写代码，如下所示。

```
private void timer1_Tick(object sender, EventArgs e)
{
    //如果定时事件被激活，就执行里面的代码
    if (timer1.Enabled == true)
    {
        //将当前控制器的速率转换成字符类型，输出显示
        label_actual.Text = controller1.MotionSystem.SpeedRatio.ToString();
    }
}
```

4．为滚动框触发事件编写代码，如下所示。

```
private void hScrollBar_speed_Scroll(object sender, ScrollEventArgs e)
{
    //显示滚动框的值
    label_setspeed.Text = "设定值："+hScrollBar_speed.Value.ToString() + "%";
}
```

5．为“设定”按钮触发事件编写代码，如下所示。

```
private void button_setspeed_Click(object sender, EventArgs e)
{
    using (Mastership m = Mastership.Request(controller1))
    {
        //弹出对话框，确认速率
        DialogResult DR = MessageBox.Show("确认修改为" + label_setspeed.Text +
"吗？", "CONFIRM", MessageBoxButtons.OKCancel, MessageBoxIcon.Question);
        //单击确认的话，就将速率写入控制器
        if (DR == DialogResult.OK)
        {
            controller1.MotionSystem.SpeedRatio = hScrollBar_speed.Value;


        }
    }
}
```

## ▶ 7-2-3　在RobotStudio中运行测试

下面通过RobotStudio中的虚拟工业机器人工作站来测试一下软件的功能是否正常。

1．在RobotStudio中打开一个工作站。

2．在工业机器人控制软件中连接虚拟控制器。

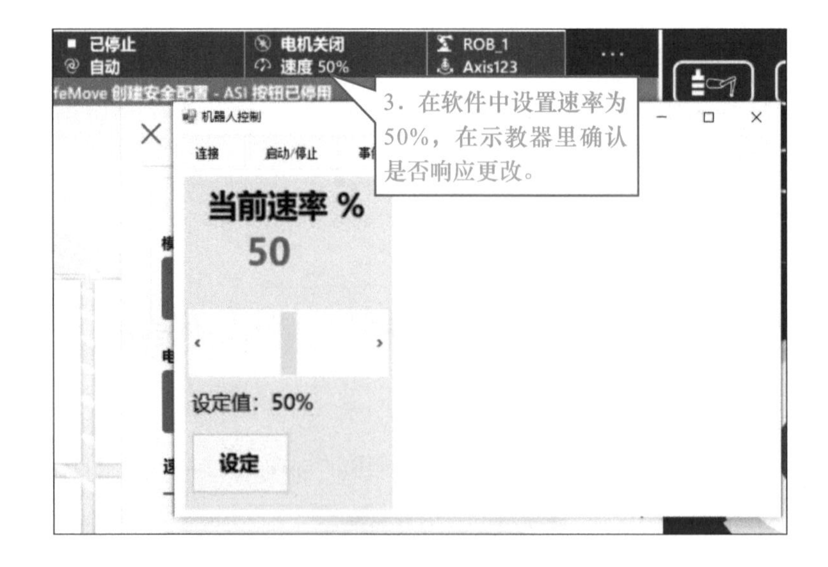

# 任务7-3 梳理知识点

吴 工：叶老师，我按着你的步骤将软件做出来了，但是有些地方不是很明白，要请教你一下。

叶老师：没问题！我一个个给你讲明白。

## ▶ 7-3-1 控件HScrollBar的属性设置技巧

控件HScrollBar是一个在固定范围内进行数值设定的常用控件。大家在测试这个软件的时候有没有发现，拖动到最大值时只有90%。这个时候，你试试对属性做表7-1所示的修改。

表7-1 控件HScrollBar的属性设置

| 属 性 | 原 值 | 修 改 为 |
|---|---|---|
| Maximum | 100 | 109 |

修改后，是不是很神奇，最大值可以设定为100%了。所以，当控件所表现出来的功能不合要求时，可以在属性里认真研究一下，看看是不是设置不正确造成的。

## ▶ 7-3-2 控件Timer：周期性事件的好帮手

之前我们实现软件的功能，都是通过单击去触发事件来实现的。如果要实时从控制器获取工业机器人速率，每获取一次，就单击一下去触发事件并不是一个最好的做法。这时候，可以采用控件Timer来实现周期性地去触发事件，在软件的运行过程中，完全自动化，无须人工干预。

控件Timer是一种不可见的控件，当你添加了以后，它不会在软件界面里，而是安静地待在软件设计界面的下方框中。

控件Timer的两个常用属性说明见表7-2。

表7-2 控件Timer的两个常用属性

| 属 性 | 说 明 |
|---|---|
| Enabled | 一般为False，在代码中根据条件设置为True。本项目中就是加入条件：在控制器连接成功后才开始计时 |
| Interval | 计时间隔，根据需要来设定，单位是ms |

## ▶ 7-3-3　在代码中设置控件的属性

控件的属性可以一开始在软件设计界面中的属性窗口进行初始化的设置，随着软件功能的需要，在运行过程中要改变属性的值，这也是可以的，我们可以在代码中进行属性的设置。

在本项目中，我们使用了控件Timer定期地从控制器获取工业机器人速率，前提条件是在软件与控制器之间建立连接之后才能开始这个定时事件，否则会出现错误。

所以，我们是这样处理这个问题的：将timer1的属性“Enabled”设置为“False”，在代码中用条件判断控制器连接上后，才开始定时去触发事件。具体操作如下：

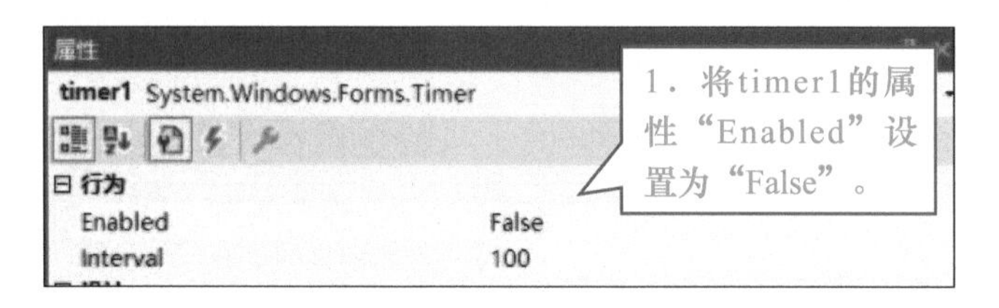


2．在listView1_SelectedIndexChanged事件中，在成功执行控制器连接的代码后，加入下面加粗的代码更新timer1的属性“Enabled”为“True”。

```
private void listView1_SelectedIndexChanged(object sender, EventArgs e)
{

    .........
    this.controller1.Logon(UserInfo.DefaultUser);
    //激活定时事件timer1
    timer1.Enabled = True;
    //弹出对话框提示登录成功
    MessageBox.Show("成功登录：" + controllerInfo1.SystemName);
    .........

}
```

3．对timer1的定时事件进行以下代码的输入。

```
private void timer1_Tick(object sender, EventArgs e)
{
    //如果定时事件被激活，就执行里面的代码
    if (timer1.Enabled == true)
    {
```

```
        //将当前控制器的速率转换成字符类型，输出显示
        label_actual.Text = controller1.MotionSystem.SpeedRatio.ToString();

    }
}
```

## ▶ 7-3-4 积极想跟你互动的指令MessageBox

为了防止误操作，在修改速率的时候会弹出消息框进行确认后才执行。如图7-2所示。

图7-2 修改速率时弹出消息框

弹出对话框的这个操作是由指令MessageBox来实现的。以下是指令MessageBox用法的介绍：

1）信息提示。如图7-3所示。

```
MessageBox.Show("我是一个信息提示框。");
```

2）可以给消息框加上标题。如图7-4所示。

```
MessageBox.Show("我是一个信息提示框。","提示");
```

图7-3 信息提示框

图7-4 信息提示框带标题

3）让用户选择下一步的操作。如：

```
//弹出对话框，确认速率
DialogResult DR = MessageBox.Show("是否修改？","确认", MessageBoxButtons.OKCancel, MessageBoxIcon.Question);
//单击OK的话，就会执行if判断中的代码
if (DR == DialogResult.OK)
{
  ⋮
}
```

总体来说，指令MessageBox的格式是这样子的：

```
MessageBox（<字符串> Text, <字符串> Title, <整型> MessageBoxButtons，MessageBoxIcon）;
```

指令说明：弹出一个消息框。

参数说明：

1）<字符串> Text：消息框的正文。

2）<字符串> Title：消息框的标题。

3）<整型> MessageBoxButtons：消息框中按钮的类型。

4）<整型>返回值：用户在消息框上单击关闭时选择的按钮。

5）MessageBoxIcon：对话框上显示的图标样式。

大家可以修改MessageBoxButtons和MessageBoxIcon，试试其他样式的消息框是什么样子的。

## 任务7-4　挑战一下自己

吴　工：叶老师，目前遇到的问题我都弄明白了，并找到了解决的方法。
叶老师：那我就要考考你了？
吴　工：没问题，请出题吧！

- ○ 练习开发工业机器人运行速度控制功能。
- ○ 简述工业机器人运行速度控制的目的。
- ○ 简述控件HScrollBar应用时最大值设定的技巧。
- ○ 控件Timer常用的属性有哪几个？
- ○ 在代码中如何查看对象的属性？
- ○ 举例说明指令MessageBox的三种用法。

# 项目8　监控工业机器人的实时位置

## 学习目标

- ✧ 理解工业机器人各轴角度与大地坐标的含义。
- ✧ 学会实时日期时间的显示。
- ✧ 学会工业机器人各轴角度与大地坐标数据显示的开发。
- ✧ 掌握控件Label的使用技巧。
- ✧ 理解ABB命名空间MotionDomain的功能。
- ✧ 理解结构体是什么。
- ✧ 学会字符串显示格式的设置。

## 任务8-1　现状把握

吴　工：叶老师，在这个工业机器人控制软件的“速度”选项卡里，还有这么多空的位置，可以再放点内容进去，使功能更完善！

叶老师：不错，你很善于利用每一寸的空间啊！与工业机器人速率相关联的常用功能是监控工业机器人的实时位置，还可以将时间显示放在这里。

吴　工：对呀！那我们开始两个新功能的开发吧，叶老师。

叶老师：没问题！我们一起来试一试。

## 任务8-2　实施

叶老师：我们在“速度”选项卡里实现两个功能：显示时间与当前工业机器人的坐标，如图8-1所示。

吴　工：好的，叶老师。

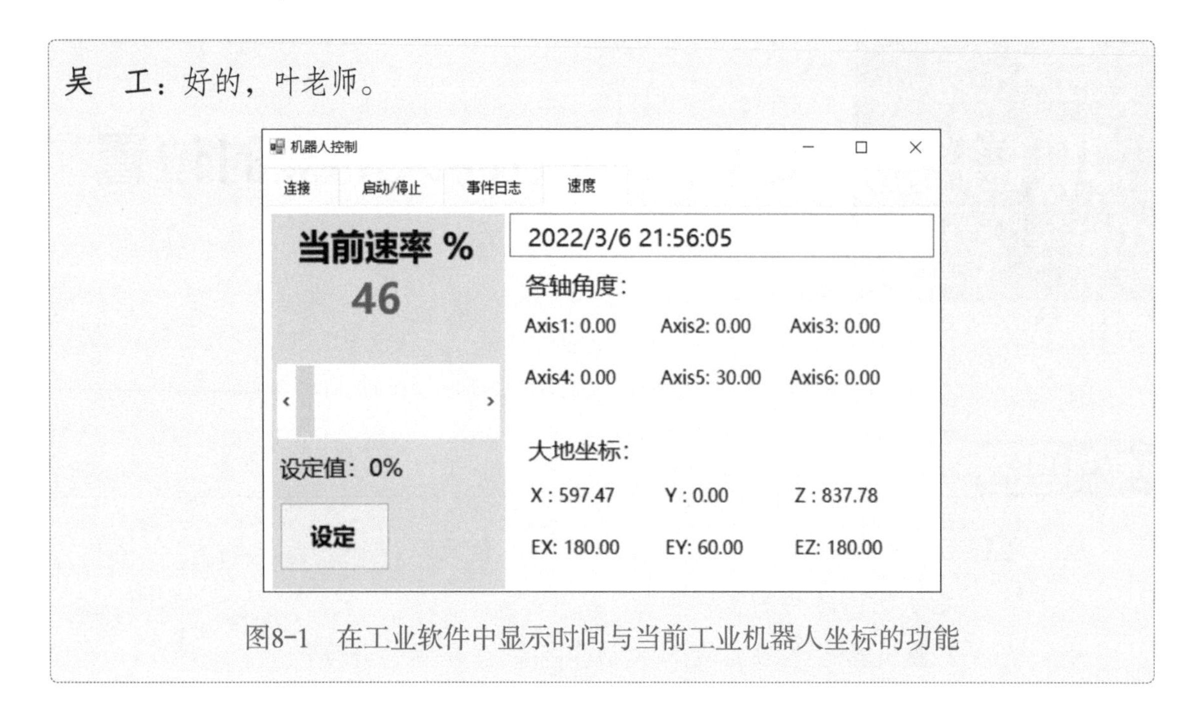


图8-1　在工业软件中显示时间与当前工业机器人坐标的功能

## ▶ 8-2-1　设计显示时间的软件界面

1．打开“速度”选项卡，添加控件“Label”，然后设置表8-1所示的属性。

表8-1　控件“Label”的属性

| 属　　性 | 值 |
|---|---|
| Name | labelTime |
| Text | 时间显示 |
| Font | Microsoft YaHei UI, 15pt |

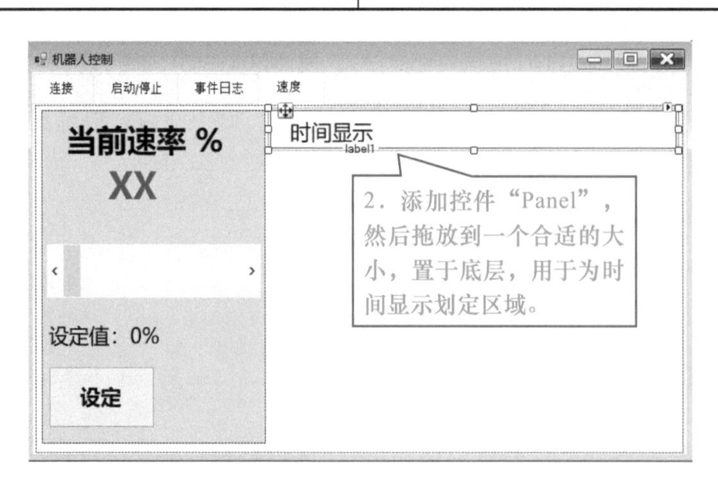


3．添加控件“Timer”，名字不改，就用默认的timer2并设定表8-2所示的属性。

表8-2 控件“Timer”的属性

| 属　性 | 值 |
|---|---|
| Enabled | True |
| Interval | 1000 |

4．双击控件“timer2”，编写定时触发事件的代码。

```
private void timer2_Tick(object sender, EventArgs e)
{
    //获取当前时间转换为字符串类型后显示
    labelTime.Text = DateTime.Now.ToString();
}
```

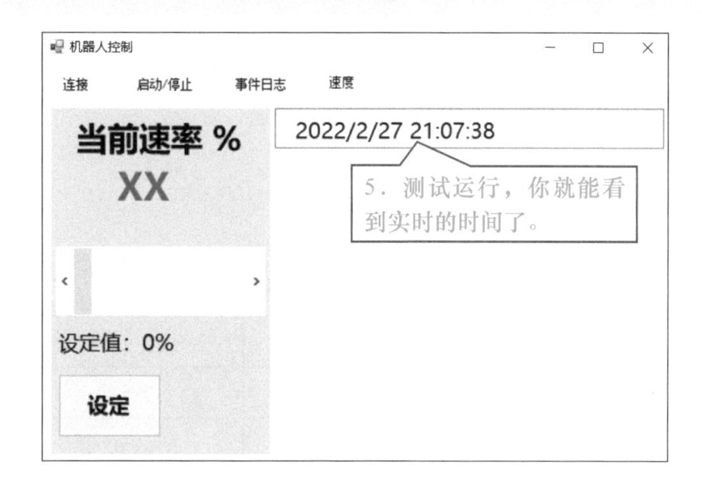


## ▶ 8-2-2　设计实时工业机器人位置显示功能

这里，我们将设计实时显示工业机器人6个轴的角度和大地坐标的位置信息。图8-2是来自工业机器人示教器中位置信息的显示，我们可以参考这个界面来进行设计。

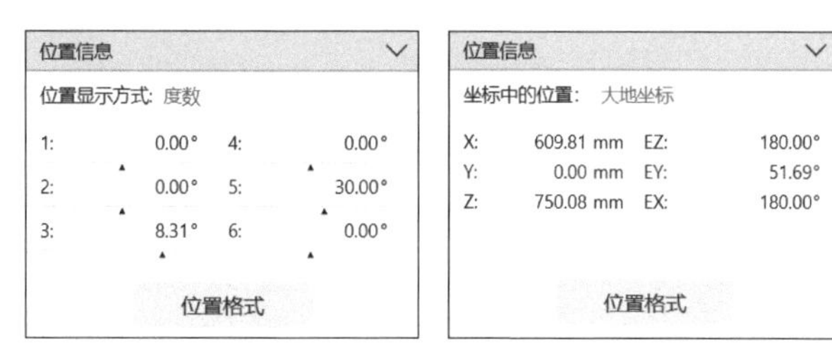


图8-2　工业机器人示教器中位置信息的显示

具体操作步骤如下：

1．添加两个控件“Panel”，用于划定轴角度和大地坐标数据显示的区域。

2．在轴角度显示区域，添加1个控件“Label”作为标题，显示文本设为“各轴角度：”，恰当地设置字体。

3．在轴角度显示区域，添加6个控件“Label”作为实时显示各轴的角度，恰当地设置字体。属性设置见表8-3。

表8-3　轴角度显示的属性设置

| 对　　象 | 属　　性 | 值 | 属　　性 | 值 |
|---|---|---|---|---|
| 轴1 | (Name) | labelAxis1 | Text | 轴1：×××.×× |
| 轴2 | (Name) | labelAxis2 | Text | 轴2：×××.×× |
| 轴3 | (Name) | labelAxis3 | Text | 轴3：×××.×× |
| 轴4 | (Name) | labelAxis4 | Text | 轴4：×××.×× |
| 轴5 | (Name) | labelAxis5 | Text | 轴5：×××.×× |
| 轴6 | (Name) | labelAxis6 | Text | 轴6：×××.×× |

4．在大地坐标显示区域，添加1个控件“Label”作为标题，显示文本设为“大地坐标：”，恰当地设置字体。

5．在大地坐标显示区域，添加6个控件“Label”作为实时显示各轴的角度，恰当地设置字体。属性设置见表8-4。

表8-4　大地坐标显示的属性设置

| 对　　象 | 属　　性 | 值 | 属　　性 | 值 |
|---|---|---|---|---|
| X | (Name) | labelX | Text | X：×××.×× |
| Y | (Name) | labelY | Text | Y：×××.×× |
| Z | (Name) | labelZ | Text | Z：×××.×× |
| RX | (Name) | labelRX | Text | RX：×××.×× |
| RY | (Name) | labelRY | Text | RY：×××.×× |
| RX | (Name) | labelRZ | Text | RZ：×××.×× |

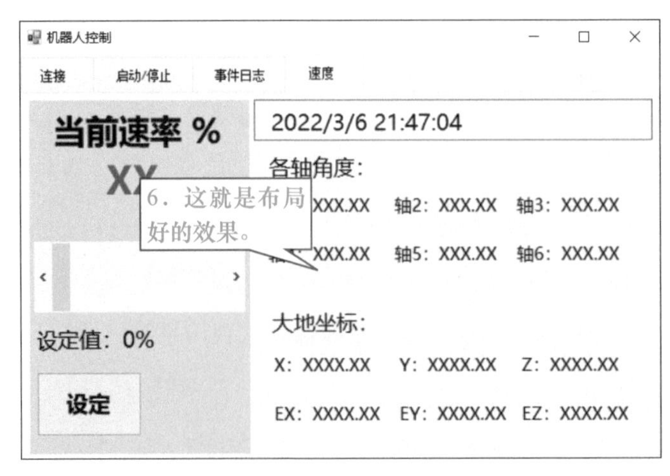

## ▶ 8-2-3　编写读取轴角度和大地坐标数据的代码

1．在Form1.cs的开头添加引用，代码如下：

```
using ABB.Robotics.Controllers.MotionDomain;//运动系统有关信息
```

2．打开Form1.cs文件，在最下面空白的地方输入以下的全部代码。

```
//用于获取轴角度的方法
private void RobotAxisAngel()
{
    //获取当前工业机器人轴1～轴6的角度
    JointTarget JointActual = controller1.MotionSystem.ActiveMechanicalUnit.GetPosition();
    labelAxis1.Text = "Axis1: " + JointActual.RobAx.Rax_1.ToString(format: "#0.00");
    labelAxis2.Text = "Axis2: " + JointActual.RobAx.Rax_2.ToString(format: "#0.00");
    labelAxis3.Text = "Axis3: " + JointActual.RobAx.Rax_3.ToString(format: "#0.00");
    labelAxis4.Text = "Axis4: " + JointActual.RobAx.Rax_4.ToString(format: "#0.00");
    labelAxis5.Text = "Axis5: " + JointActual.RobAx.Rax_5.ToString(format: "#0.00");
    labelAxis6.Text = "Axis6: " + JointActual.RobAx.Rax_6.ToString(format: "#0.00");


}


//用于获取大地坐标的方法
private void RobotWorldPosition()
{
    //声明变量用于暂存欧拉角数据
    double RX;
    double RY;
    double RZ;

    //获取工业机器人当前大地坐标数据
    RobTarget RobActual = controller1.MotionSystem.ActiveMechanicalUnit.GetPosition
(CoordinateSystemType.World);
```

```
    labelX.Text = "X : " + RobActual.Trans.X.ToString(format: "#0.00");
    labelY.Text = "Y : " + RobActual.Trans.Y.ToString(format: "#0.00");
    labelZ.Text = "Z : " + RobActual.Trans.Z.ToString(format: "#0.00");
    //将描述姿态的四元数用方法转换为欧拉角表示
    RobActual.Rot.ToEulerAngles(out RX,out RY,out RZ);
    labelRX.Text = "EX: " + RX.ToString(format: "#0.00");
    labelRY.Text = "EY: " + RY.ToString(format: "#0.00");
    labelRZ.Text = "EZ: " + RZ.ToString(format: "#0.00");
}
```

3．在timer1_Tick定时事件中添加以下加粗的代码。

```
private void timer1_Tick(object sender, EventArgs e)
{
    //如果定时事件被激活，就执行里面的代码
    if (timer1.Enabled == true)
    {
        //将当前控制器的速率转换成字符类型，输出显示
        label_actual.Text = controller1.MotionSystem.SpeedRatio.ToString();
        //调用显示工业机器人轴1～轴6角度的方法
        RobotAxisAngel();
        //调用显示工业机器人的大地坐标
        RobotWorldPosition();

    }
}
```

## ▶ 8-2-4　在RobotStudio中运行测试

接下来，我们通过RobotStudio中的虚拟工业机器人工作站来测试一下软件的功能是否正常。

1．在RobotStudio中打开一个工作站。

2．在工业机器人控制软件中连接虚拟控制器。

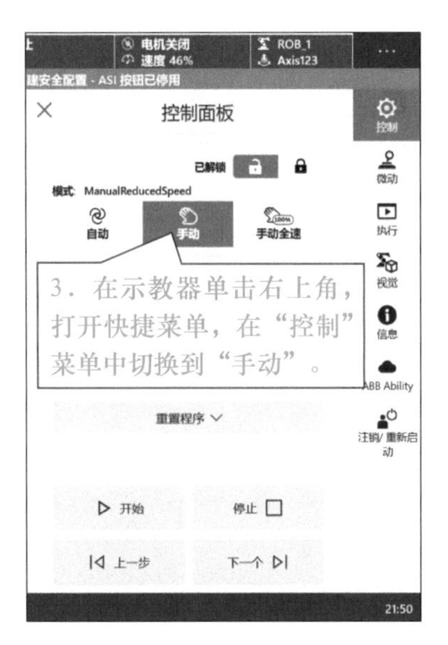

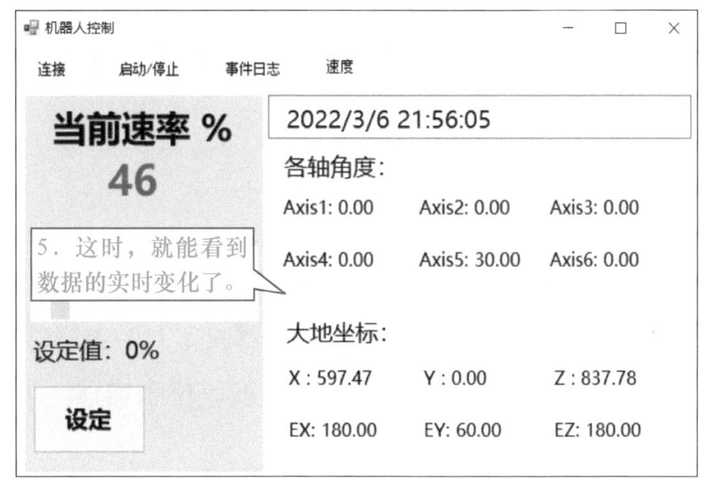


## 任务8-3　梳理知识点

吴　工：叶老师，我跟着你的步骤将软件做出来了，但是有些地方不是很明白，要请教你一下。

叶老师：没问题！我一个个给你讲明白。

### ▶ 8-3-1　控件Label的使用技巧

控件Label用于显示文本，一般的用法是直接设置属性Text的值。

如果在软件运行的过程中，要改变文本的内容，可以使用代码对属性Text的值进行更新，如：

```
//更新轴1的显示值
labelAxis1.Text = "Axis1: " + JointActual.RobAx.Rax_1.ToString(format: "#0.00");
```

为了更好地进行布局设计，在文本中用×××.××作为占位符，以方便查看布局效果，如图8-3所示。

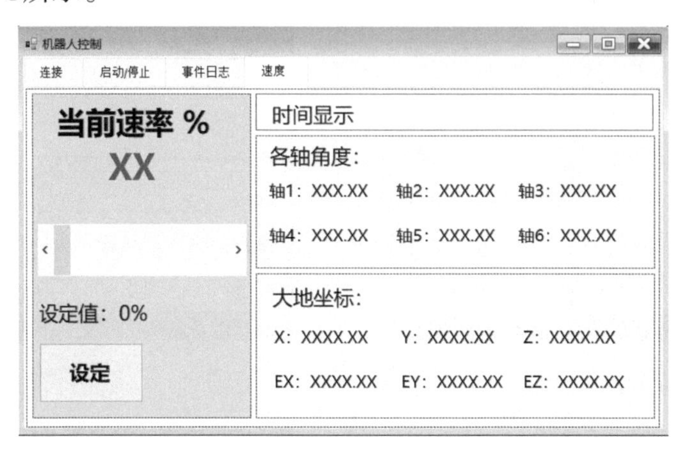


图8-3　在布局设计里用×××.××作为占位符

## ▶ 8-3-2　工业机器人的欧拉角

工业机器人的工具TCP在三维立体空间中沿着X、Y、Z方向运动，我们称之为线性运动，用长度单位mm来描述；而工业机器人工具TCP绕着X、Y、Z方向进行旋转运动，我们称之为重定位运动，用欧拉角度单位来描述。如图8-4所示。

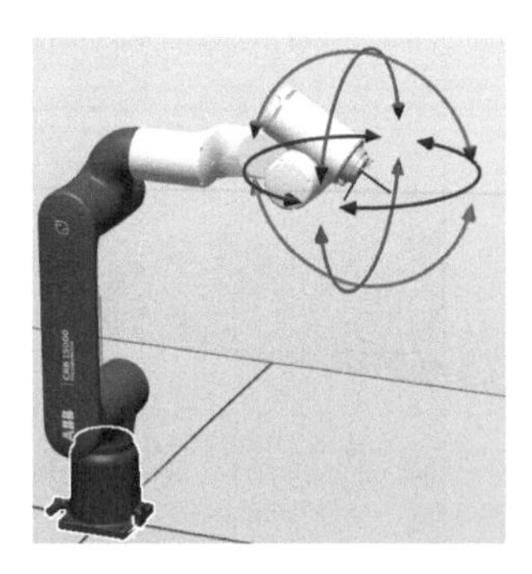
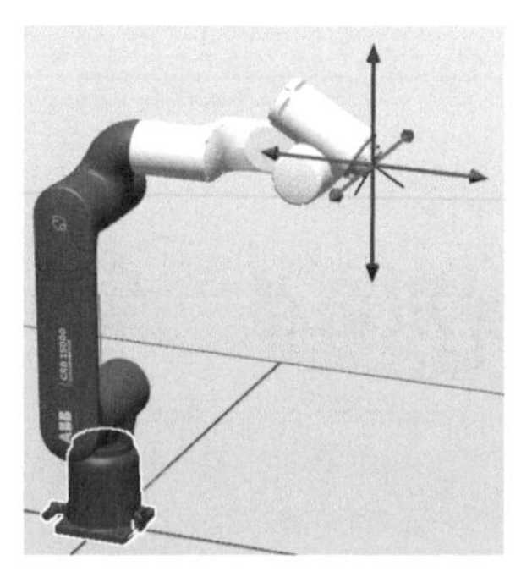

图8-4　工业机器人的重定位运动与线性运动

## ▶ 8-3-3　ABB命名空间MotionDomain的功能

ABB命名空间MotionDomain是ABB工业机器人提供的，用于让上位机软件从工业机器人控制器获取工业机器人运动相关的信息。在这里，我们已使用了MotionSystem类，用于获取当前工业机器人详细的位置信息。

```
//获取当前工业机器人轴1～轴6的角度
JointTarget JointActual = controller1.MotionSystem.ActiveMechanicalUnit.GetPosition();

//获取工业机器人当前的大地坐标数据
RobTarget RobActual = controller1.MotionSystem.ActiveMechanicalUnit.GetPosition(CoordinateSystemType.World);
```

## ▶ 8-3-4 什么是结构体（Struct）

在C#中，结构体是值类型数据结构，它使得一个单一变量可以存储各种数据类型的相关数据。在本项目中，我们使用了结构体DateTime进行日期时间的显示，结构体DateTime里定义了关于时间的详细内容，其中包括常用的年、月、日、小时、分钟和秒等。如：

```
private void timer2_Tick(object sender, EventArgs e)
{
    //获取当前时间转换为字符串类型后显示
    labelTime.Text = DateTime.Now.ToString();
}
```

以下是截取系统里定义的结构体DateTime里的部分内容，供大家参考。

```
public struct DateTime : IComparable, IFormattable, IConvertible, ISerializable, IComparable<DateTime>, IEquatable<DateTime>
{
        internal struct FullSystemTime
        {
            internal ushort wYear;
            internal ushort wMonth;
            internal ushort wDayOfWeek;
            internal ushort wDay;
            internal ushort wHour;
            internal ushort wMinute;
            internal ushort wSecond;
            internal ushort wMillisecond;
            internal long hundredNanoSecond;
          internal FullSystemTime(int year, int month, DayOfWeek dayOfWeek, int day, int hour, int minute, int second)
```

```
    {
        wYear = (ushort)year;
        wMonth = (ushort)month;
        wDayOfWeek = (ushort)dayOfWeek;
        wDay = (ushort)day;
        wHour = (ushort)hour;
        wMinute = (ushort)minute;
        wSecond = (ushort)second;
        wMillisecond = 0;
        hundredNanoSecond = 0L;
    }

    internal FullSystemTime(long ticks)
    {
        DateTime dateTime = new DateTime(ticks);
        dateTime.GetDatePart(out int year, out int month, out int day);
        wYear = (ushort)year;
        wMonth = (ushort)month;
        wDayOfWeek = (ushort)dateTime.DayOfWeek;
        wDay = (ushort)day;
        wHour = (ushort)dateTime.Hour;
        wMinute = (ushort)dateTime.Minute;
        wSecond = (ushort)dateTime.Second;
        wMillisecond = (ushort)dateTime.Millisecond;
        hundredNanoSecond = 0L;
    }
}
```

一般来说，作为开发者搞清楚结构体DateTime有哪些功能和如何使用就够了。如果要详细了解，可以查看C#关于DateTime的说明。

## ▶ 8-3-5 如何设置显示的小数点后的位数

从工业机器人控制器提取的位置信息数据是一个浮点数，小数点后位数会达到5位。在软件界面显示的话，只需要保留两位小数就好，这个时候我们进行了数据的格式设置。如：

```
labelAxis1.Text = "Axis1: " + JointActual.RobAx.Rax_1.ToString(format: "#0.00");
```

方法ToString()是可以加入参数的，在本项目中，我们需要保留两位小数，所以使用的参数就是format:“#0.00”。这里只是对方法ToString()的格式参数做一个初步介绍，如果要详细了解，可以查看C#关于ToString()的说明。

### ▶ 8-3-6 为什么要用double类型来获取欧拉角数据

ABB工业机器人的姿态数据默认是使用四元数来表达的，为了更符合查看习惯，要进行四元数转换成欧拉角的操作。

我们要声明三个变量来暂存欧拉角数据。因为这个转换用的方法返回的结果是double类型的，所以为了与之对应，用于暂存数据的变量就要使用double类型。如：

```
//声明变量用于暂存欧拉角数据
double RX;
double RY;
double RZ;
```

```
void Orient.ToEulerAngles(out double x, out double y, out double z)
Returns the eular angles of the quaternion stored in the struct.

返回结果:
  The string representation with the value of the loaddata rapid data.
```

## 任务8-4 挑战一下自己

吴　工：叶老师，目前遇到的问题我都弄明白了，并找到了解决的方法。
叶老师：那我就要考考你了？
吴　工：没问题，请出题吧！

- 练习开发监控工业机器人实时位置的功能。
- 简述实时日期时间的开发过程。
- 练习工业机器人各轴角度与大地坐标数据显示的开发。
- 简述控件Label的使用技巧。
- 什么是结构体？

# 项目9 控制I/O信号对真空吸盘夹具进行检修

## 学习目标

- ✧ 理解真空吸盘夹具检修的要求。
- ✧ 学会真空检测状态实时显示的开发。
- ✧ 学会按钮实现“按下—松开”的双事件组合使用。
- ✧ 理解工业机器人信号访问级别的区别。
- ✧ 理解ABB命名空间IOSystemDomain的功能。
- ✧ 掌握将软件功能变灰禁用的方法。

## 任务9-1 现状把握

吴　工：叶老师，我在用这个机器人控制软件与ABB的协作机器人CRB 15000进行配套使用，这个协作机器人配套的工具是一个真空吸盘，能不能开发一个功能，用于真空吸盘在检修时的手动开关的测试之用？

叶老师：控制真空吸盘是通过控制器的I/O板进行的，在软件中就是要实现对工业机器人的I/O板输入输出的监视与控制。吴工，请将真空吸盘用到的I/O信号定义表给我一份。

吴　工：好的，叶老师，请看表9-1。

表9-1　I/O信号的定义表

| I/O类型 | 信号名字 | 说　明 |
| --- | --- | --- |
| 输入 | diPressureOK | 真空检测，为1时，则真空回路负压正常；为0时，则负压未达标准值 |
| 输出 | doVacuumOn | 置1时，真空阀工作；置0时，真空阀停止 |
|  | doAirOn | 置1时，往真空管路吹空气 |

叶老师：这三个信号在工作时，是怎样的相互配合关系？

吴　工：叶老师，真空吸盘工具检修具体流程是这样的：

1）强制doVacuumOn为1。

2）手动将工件用吸盘吸稳。

3）查看diPressureOK是否为1。

4）以上步骤完成后，复位doVacuumOn为0。

5）强制doAirOn为1，检查吸盘是否能正常吹气。

叶老师：了解了，下面我们一起开始试试吧！

## 任务9-2　实施

叶老师：我们开始吧，准备好了吗？

吴　工：叶老师，没问题。

### ▶ 9-2-1　设计真空吸盘夹具检修的软件界面

真空吸盘在检修时手动开关的测试功能如图9-1所示。设计真空吸盘夹具检修的软件界面步骤如下：

图9-1　真空吸盘在检修时手动开关的测试功能

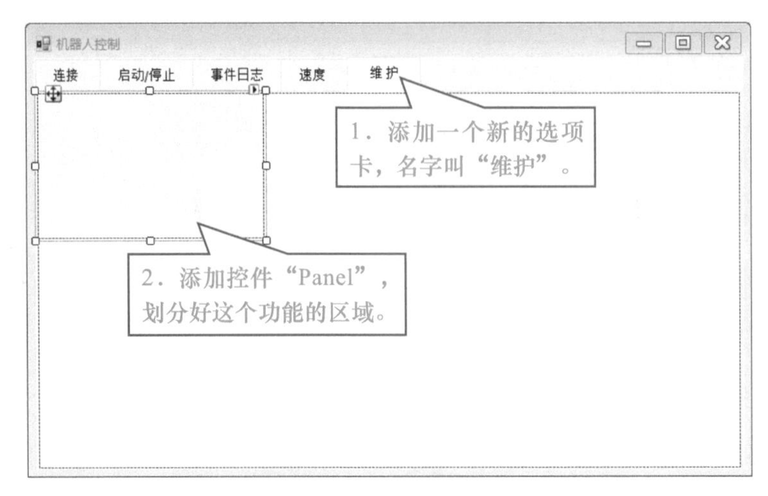


3. 在Panel中添加控件“Label”，并设定表9-2所示的属性。

表9-2　控件“Label”的属性

| 属　性 | 值 |
| --- | --- |
| (Name) | labelVacuum |
| Text | 真空检测：XX |
| Font-Size | 18 |

4. 在Panel中添加2个控件“Button”，并分别设定表9-3所示的属性。

表9-3　控件“Button”的属性

| 属　性 | 值 | |
| --- | --- | --- |
| (Name) | buttonVacuumOn | buttonAirOn |
| Text | 真空打开 | 吹气 |
| Font-Size | 12 | 15 |

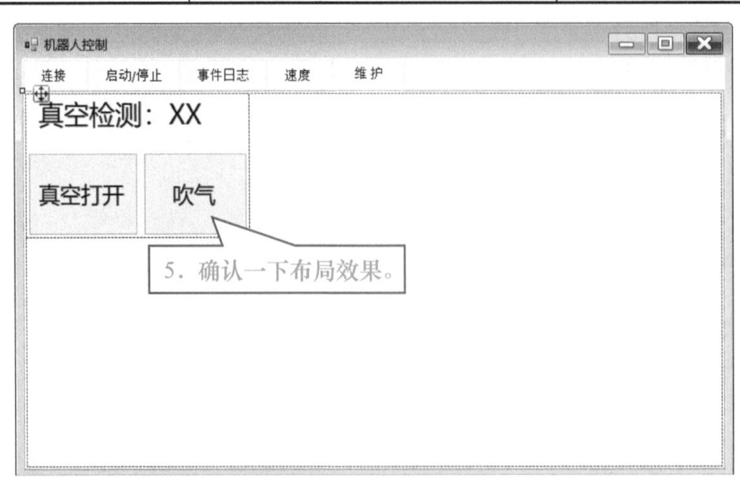

## ▶ 9-2-2 编写事件代码

编写事件代码步骤如下：

1．在Form1.cs的开头添加引用，代码如下：

```
using ABB.Robotics.Controllers.IOSystemDomain; //I/O通信相关
```

2．在public partial class Form1 : Form的开头添加如下代码。

```
//工业机器人通信的Signal类实例化对象diPressureOK_s
private Signal diPressureOK_s = null;

//工业机器人通信的Signal类实例化对象doVacuumOn_s
private Signal doVacuumOn_s = null;

//工业机器人通信的DigitalSignal类实例化对象doVacuumOn_d
private DigitalSignal doVacuumOn_d = null;

//工业机器人通信的Signal类实例化对象doAirOn_s
private Signal doAirOn_s = null;

//工业机器人通信的DigitalSignal类实例化对象doAirOn_d
private DigitalSignal doAirOn_d = null;
```

3．我们只需定时地刷新diPressureOK的状态就好，所以在timer1_Tick事件中添加以下加粗显示的代码。

```
private void timer1_Tick(object sender, EventArgs e)
{
    //如果定时事件被激活，就执行里面的代码
    if (timer1.Enabled == true)
      {
            //将当前控制器的速率转换成字符类型，输出显示
            label_actual.Text =
            controller1.MotionSystem.SpeedRatio.ToString();
            //调用显示工业机器人轴1～轴6角度的方法
            RobotAxisAngel();
            //调用显示工业机器人的大地坐标
            RobotWorldPosition();
```

```
            //从控制器中提取需要的信号暂存到类型为Signal的对象diPressureOK_s中
            diPressureOK_s = controller1.IOSystem.GetSignal("diPressureOK");
            //将diPressureOK中的值转换成字符进行显示
            labelVacuum.Text = "真空检测："+ diPressureOK_s.Value.ToString();
        }
    }
```

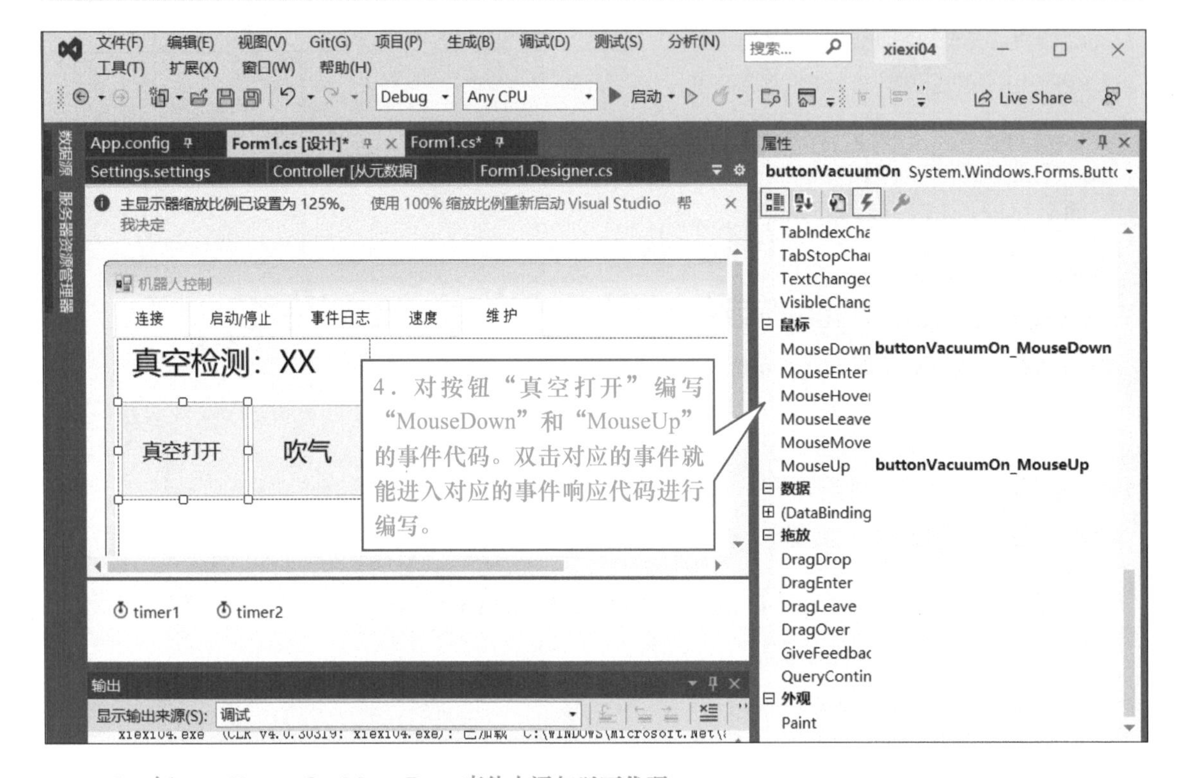


5．在buttonVacuumOn_MouseDown事件中添加以下代码。

```
private void buttonVacuumOn_MouseDown(object sender, MouseEventArgs e)
{
    //从控制器提取输出信号doVacuumOn到doVacuumOn_s
    doVacuumOn_s = controller1.IOSystem.GetSignal("doVacuumOn");
    //将doVacuumOn_s强制类型转换为DigitalSignal到doVacuumOn_d
    doVacuumOn_d = (DigitalSignal)doVacuumOn_s;
    //对信号进行置位操作
    doVacuumOn_d.Set();

}
```

6．在buttonVacuumOn_MouseUp事件中添加以下代码。

```
private void buttonVacuumOn_MouseUp(object sender, MouseEventArgs e)
{
    //对信号进行复位操作
    doVacuumOn_d.Reset();
}
```

同理，我们对按钮“吹气”编写“MouseDown“和“MouseUp”的事件代码。

7．在buttonAirOn_MouseDown事件中添加以下代码。

```
private void buttonAirOn_MouseDown(object sender, MouseEventArgs e)
{
    //从控制器提取输出信号doAirOn到doAirOn_s
    doAirOn_s = controller1.IOSystem.GetSignal("doAirOn");
    //将doAirOn_s强制类型转换为DigitalSignal到doAirOn_d
    doAirOn_d = (DigitalSignal)doAirOn_s;
    //对信号进行置位操作
    doAirOn_d.Set();
}
```

8．在buttonAirOn_MouseUp事件中添加以下代码。

```
private void buttonAirOn_MouseUp(object sender, MouseEventArgs e)
{
    //对信号进行复位操作
    doAirOn_d.Reset();
}
```

## ▶ 9-2-3 在RobotStudio中运行测试

在与本书配套的工业机器人仿真工作站中，已配置好相关的I/O信号，在测试软件功能前，我们先确认一下。具体操作如下：

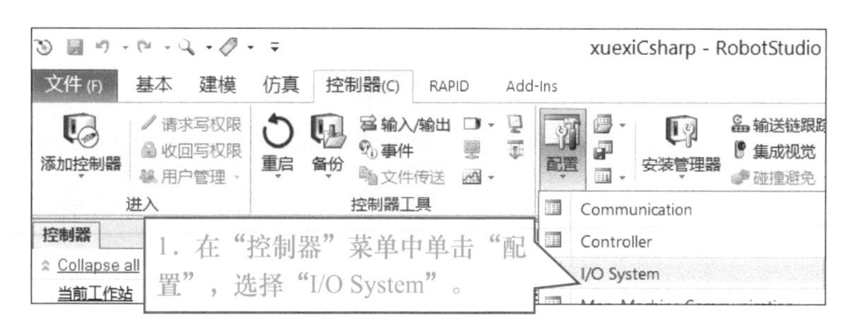

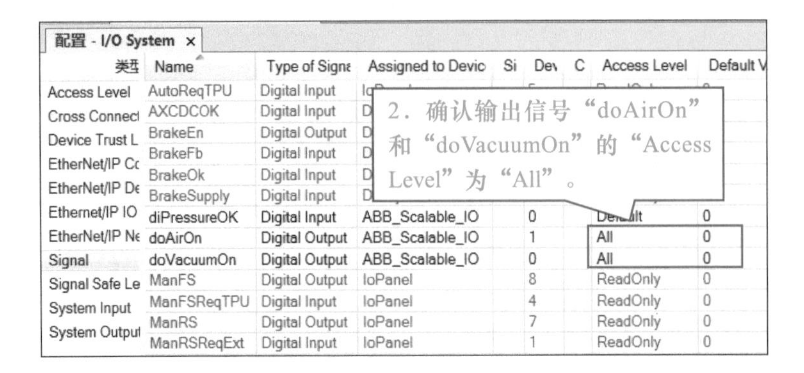
配置 - I/O System
2．确认输出信号“doAirOn”和“doVacuumOn”的“Access Level”为“All”。

I/O 设备上的信号: ABB_Scalable_IO
3．打开虚拟示教器，监控真空吸盘相关的I/O状态。

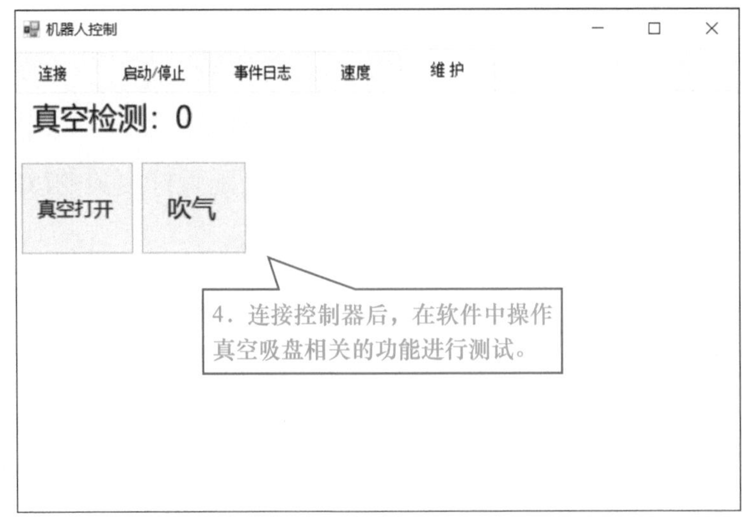
机器人控制
连接
启动/停止
事件日志
速度
维护
真空检测：0
真空打开
吹气
4．连接控制器后，在软件中操作真空吸盘相关的功能进行测试。

# 任务9-3 梳理知识点

吴 工：叶老师，我跟着你的步骤将软件做出来了，但是有些地方不是很明白，要请教你一下。

叶老师：没问题！我一个个给你讲明白。

## ▶ 9-3-1 ABB命名空间IOSystemDomain的功能

ABB命名空间IOSystemDomain是ABB工业机器人提供的，用于让上位机软件从工业机器人控制器获取工业机器人I/O通信相关的信息。在本项目中，我们应用了数字输入/输出信号相关的类。

## ▶ 9-3-2 怎么设置工业机器人I/O信号才能从软件进行赋值

工业机器人的I/O信号分不同的访问级别，与远程写权限有关的说明见表9-4。

表9-4 远程写权限说明

| Access Level访问级别 | 说 明 |
| --- | --- |
| Default | 不允许远程写权限 |
| ReadOnly | 不允许远程写权限 |
| All | 允许远程写权限 |

所以，我们要从软件对工业机器人的输出信号进行控制的话，就要在访问级别上选择All。同时，也要注意不要对一些安全方面有要求的输出信号进行强制设置。

## ▶ 9-3-3 如何用好按钮按下—松开的事件触发

在本项目中，我们在按钮“真空打开”实现：按下鼠标真空打开，松开鼠标则真空关闭。这样就可以通过两个按钮自带的事件“MouseDown”和“MouseUp”配合使用达到这个效果。所以，要分别为这两个事件编写代码来实现这个功能。

## ▶ 9-3-4 如何对工业机器人的组信号进行监控

在本项目中，我们对工业机器人的数字输入信号和数字输出信号进行监控的操作。

工业机器人的组信号主要是用于传递INT类型十进制数的，经常被应用于接收或设置参数组编号。

1）读取组信号的时候是不分输入与输出的，只要根据工业机器人系统中定义的组信号的名字准确调用就好。示例代码如下：

```
//将工业机器人中的组输入信号相关信息读入Signal类型对象gi01
Signal gi01 = controller1.IOSystem.GetSignal("Gi01");
//将gi01的值赋值给float类型对象gi01Value
float gi01Value = gi01.Value;
```

2）只能对工业机器人的组输出信号进行数值设置，示例的代码如下：

```
//从控制器提取组输出信号go01
Signal go01 = controller1.IOSystem.GetSignal("Go01");
//将go01强制类型转换为GroupSignal，赋值给GroupSignal类型对象go01G
GroupSignal go01G= (GroupSignal)go01;
//对组输出信号进行设置操作
go01G.Value = 2;
```

大家要注意的是，组信号不能是负数、浮点数，不要超出在组输出信号的数值范围。

## ▶ 9-3-5 将软件功能变灰为不可操作应该如何编程

在本项目中所做的真空吸盘夹具功能，我们希望在连接控制器对象成功之前，这个功能应该变灰是不可用的，否则会报错。所以，我们故意将相关的功能都放到Panel控件中，然后在连接控制器成功后，使用代码激活使之可用。

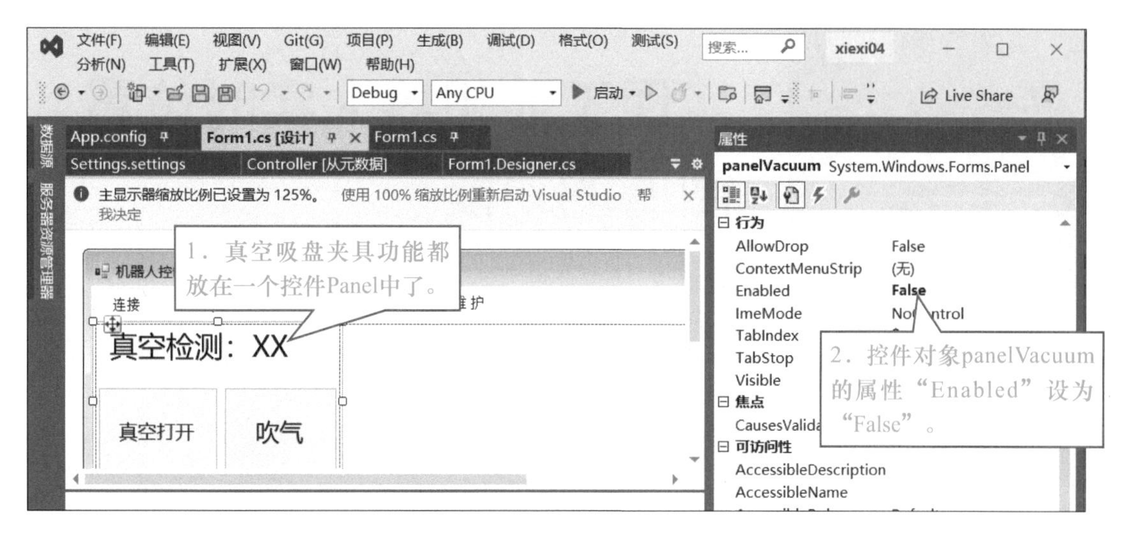


3. 在连接控制器成功后写入以下的激活代码：

```
//激活真空吸盘检修功能
panelVacuum.Enabled = true;
```

这里说明了根据实际情况灵活地对属性进行设置，是一个很重要的技能。

## 任务9-4　挑战一下自己

吴　工：叶老师，目前遇到的问题我都弄明白了，并找到了解决的方法。
叶老师：那我就要考考你了？
吴　工：没问题，请出题吧！

- 练习控制I/O信号对真空吸盘夹具进行检修的功能。
- 实现真空吸盘夹具检修需要哪些功能？
- 简述按钮实现“按下—松开”的双事件组合使用方法。
- 工业机器人信号访问级别有哪些？
- ABB命名空间IOSystemDomain的功能是什么？
- 如何实现将软件功能变灰禁用？

# 项目10 实现工业机器人实时位置微调的功能

## 学习目标

- ✧ 理解工业机器人实时位置微调的要求。
- ✧ 学会工业机器人拾取位置微调功能的开发。
- ✧ 学会准确对接工业机器人的程序数据。
- ✧ 掌握控件NumericUpDown的使用技巧。
- ✧ 掌握工业机器人程序数据在C#编程中的提取方法。

## 任务10-1 现状把握

吴　工：叶老师，我们有一个新的功能需求，不知道能不能实现？

叶老师：说来听听。

吴　工：好的。叶老师，我们想在软件里实现对工业机器人的坐标点进行微调。现在是教操作工在工业机器人示教器中对程序数据进行修改，步骤还挺多的，一不小心就会改错。如果能在软件中实现全中文化、图形示意修改坐标并且能限制每次微调的限值，那就完美了。

叶老师：巧了，你要的这个功能就是这次要教你的内容：如何对程序数据进行读写的功能开发。我们就以CRB 15000协作机器人的拾取位置微调（图10-1）为对象，给你详细介绍。

吴　工：太好了，我们马上开始吧！

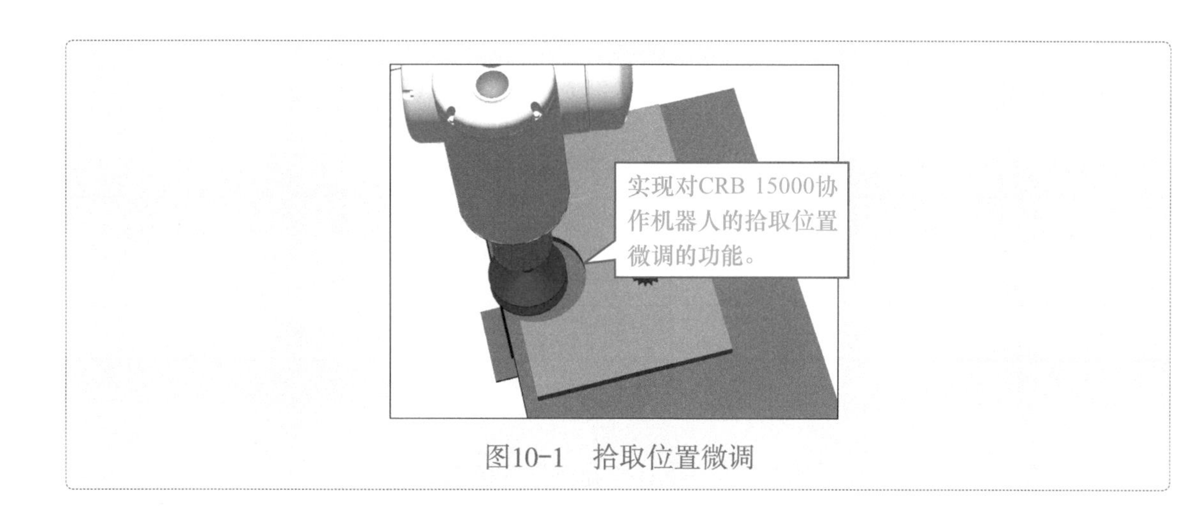

图10-1 拾取位置微调

## 任务10-2 实施

**叶老师**：我们开始吧，准备好了吗？

**吴 工**：叶老师，没问题。

### ▶ 10-2-1 设计拾取位置微调的软件界面

实现图10-2所示的布局，这个功能放在“维护”选项卡里实现。

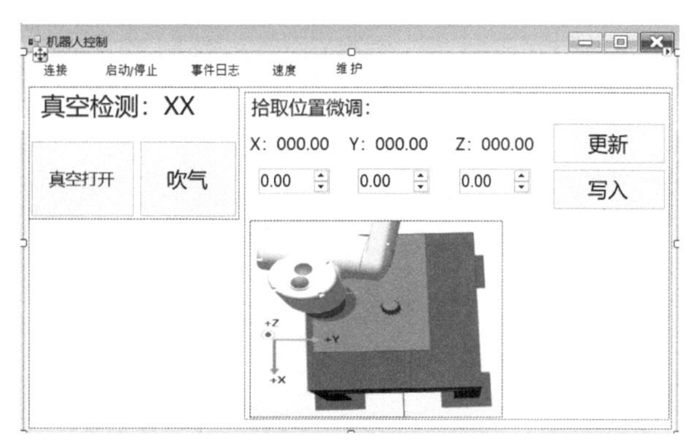

图10-2 “维护”选项卡的布局更新

添加的控件的大小与字体，请大家根据你软件的整体布局自行设置，这里不做统一约束。

1．添加控件“Panel”，作为放此功能的面板，关键属性设置见表10-1。

表10-1 关键属性值

| 属 性 | 值 |
|---|---|
| （Name） | panelPosition |

2．在panelPosition中添加控件“Label”，设定表10-2所示属性的值。

表10-2　属性值

| 属　性 | 值 |
|---|---|
| (Name) | labelp |
| Text | 拾取位置微调 |

3．在panelPosition中添加3个控件“Label”，分别设定表10-3～表10-5所示属性的值。

表10-3　控件“Label”属性值1

| 属　性 | 值 |
|---|---|
| (Name) | labelPosX |
| Text | X：000.00 |

表10-4　控件“Label”属性值2

| 属　性 | 值 |
|---|---|
| (Name) | labelPosY |
| Text | Y：000.00 |

表10-5　控件“Label”属性值3

| 属　性 | 值 |
|---|---|
| (Name) | labelPosZ |
| Text | Z：000.00 |

4．在panelPosition中添加3个控件“NumericUpDown”，分别设定表10-6～表10-8所示属性的值。

表10-6　控件“NumericUpDown”属性值1

| 属　性 | 值 |
|---|---|
| (Name) | numericUpDownX |
| DecimalPlaces | 2 |
| Increment | 0.1 |
| Maximum | 5 |
| Minimum | -5 |

表10-7 控件“NumericUpDown”属性值2

| 属　性 | 值 |
| --- | --- |
| (Name) | numericUpDownY |
| DecimalPlaces | 2 |
| Increment | 0.1 |
| Maximum | 5 |
| Minimum | -5 |

表10-8 控件“NumericUpDown”属性值3

| 属　性 | 值 |
| --- | --- |
| (Name) | numericUpDownZ |
| DecimalPlaces | 2 |
| Increment | 0.1 |
| Maximum | 5 |
| Minimum | -5 |

5．在panelPosition中添加2个控件“Button”，分别设定表10-9、表10-10所示属性的值。

表10-9 控件“Button”属性值1

| 属　性 | 值 |
| --- | --- |
| (Name) | buttonPosRefresh |
| Text | 更新 |

表10-10 控件“Button”属性值2

| 属　性 | 值 |
| --- | --- |
| (Name) | buttonPosWrite |
| Text | 写入 |

6．在panelPosition中添加控件“PictureBox”。

一图抵千字，相信大家深有体会。所以将拾取位置的示意图放到软件里。在配套的练习资源包里，附有示意图的图片，大家可以使用。大家也可以参考例子到RobotStudio中进行截图使用。

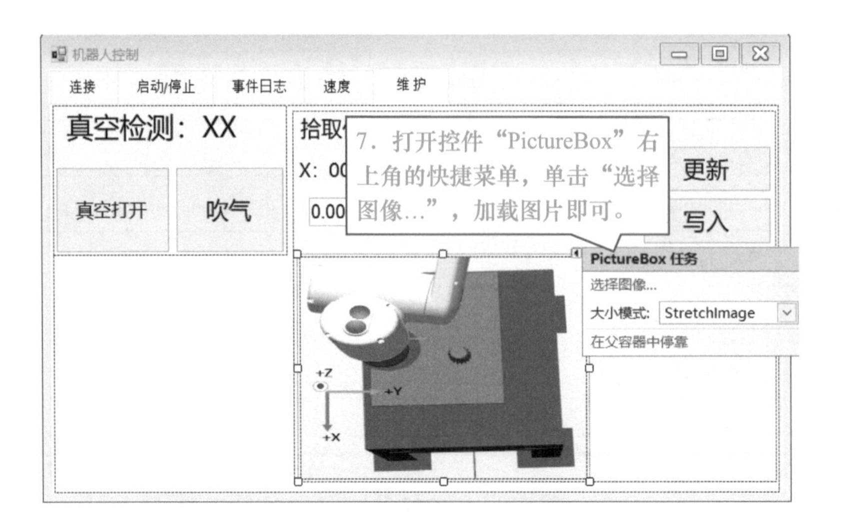


## ▶ 10-2-2　编写事件代码

编写事件代码步骤如下：

1．在public partial class Form1 : Form的开头添加如下代码。

```
//工业机器人程序数据RapidData类实例化对象p10Ra
private RapidData p10Ra = null;

//工业机器人程序数据RobTarget类实例化对象p10_Ro
private RobTarget p10_Ro ;
```

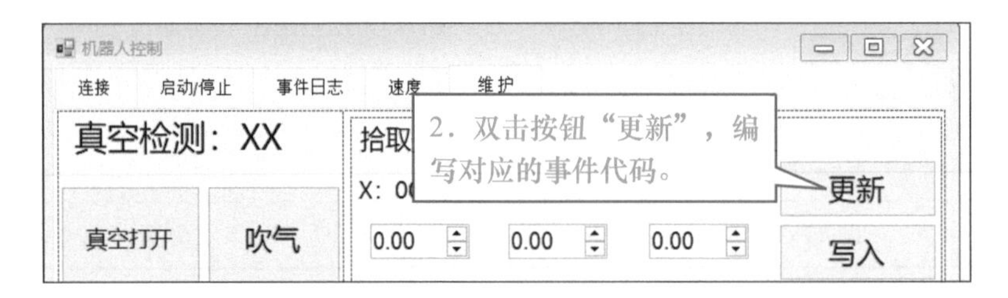


3．输入按钮“更新”的单击事件代码，具体如下：

```
private void buttonPosRefresh_Click(object sender, EventArgs e)
{
    //从工业机器人控制器将坐标程序数据p10赋值到p10_Ra
    p10Ra = controller1.Rapid.GetRapidData(" T_ROB1" ," Module1" ," p10" );
    //将p10_Ra的值强制转换格式为RobTarget后赋值给p10_Ro
    p10_Ro = (RobTarget)p10Ra.Value;
    //将p10的X、Y、Z值转换成文本进行显示
    labelPosX.Text = " X: "  + p10_Ro.Trans.X.ToString();
    labelPosY.Text = " Y: "  + p10_Ro.Trans.Y.ToString();
```

```
        labelPosZ.Text = " Z: "  + p10_Ro.Trans.Z.ToString();

    }
```

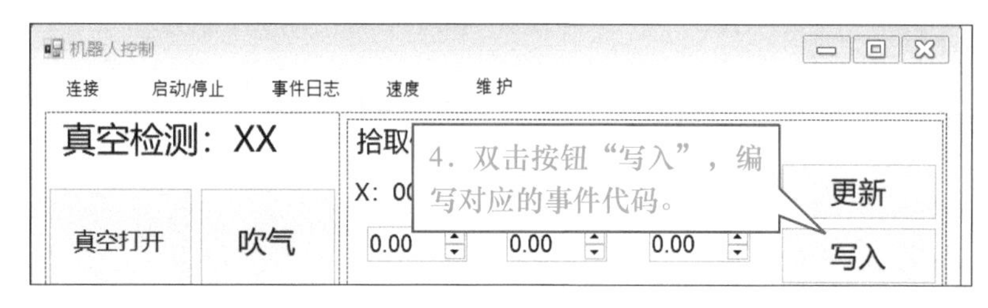


5．输入按钮“写入”的单击事件代码，具体如下：

```
    private void buttonPosWrite_Click(object sender, EventArgs e)
    {
        //将原坐标值与偏移值相加后暂存
        float X = p10_Ro.Trans.X + (float)numericUpDownX.Value;
        float Y = p10_Ro.Trans.Y + (float)numericUpDownY.Value;
        float Z = p10_Ro.Trans.Z + (float)numericUpDownZ.Value;

        //将新的坐标值显示供确认
        DialogResult DR = MessageBox.Show(" 是否修改为新的坐标值？"  + " \r\n"  +
" X:"  + X + " \r\n"  + " Y:"  + Y + " \r\n"  + " Z:"  + Z," 确认！" ,MessageBoxButtons.OKCancel);

        //确认修改后进入写入流程
        if (DR == DialogResult.OK)
        {
            try
            {
                using (Mastership.Request(controller1))
                {
                    //将暂存的坐标值最终赋值给p10_Ra
                    p10_Ro.Trans.X = X;
                    p10_Ro.Trans.Y = Y;
                    p10_Ro.Trans.Z = Z;
                    p10Ra.Value = p10_Ro;
                }
                //修改值后更新一次坐标数值显示
```

```
            p10Ra = controller1.Rapid.GetRapidData(" T_ROB1" ," Module1" ," p10" );
            p10_Ro = (RobTarget)p10Ra.Value;
            labelPosX.Text = " X: "  + p10_Ro.Trans.X.ToString();
            labelPosY.Text = " Y: "  + p10_Ro.Trans.Y.ToString();
            labelPosZ.Text = " Z: "  + p10_Ro.Trans.Z.ToString();

        }
        catch(Exception ex)
        {
            MessageBox.Show(ex.ToString());
        }

    }
    //将偏移数值归0
    numericUpDownX.Value = 0;
    numericUpDownY.Value = 0;
    numericUpDownZ.Value = 0;
}
```

## ▶ 10-2-3 在RobotStudio中运行测试

在与本书配套的工业机器人仿真工作站中，已配置好相关的程序数据，在测试软件功能前，我们先确认一下。

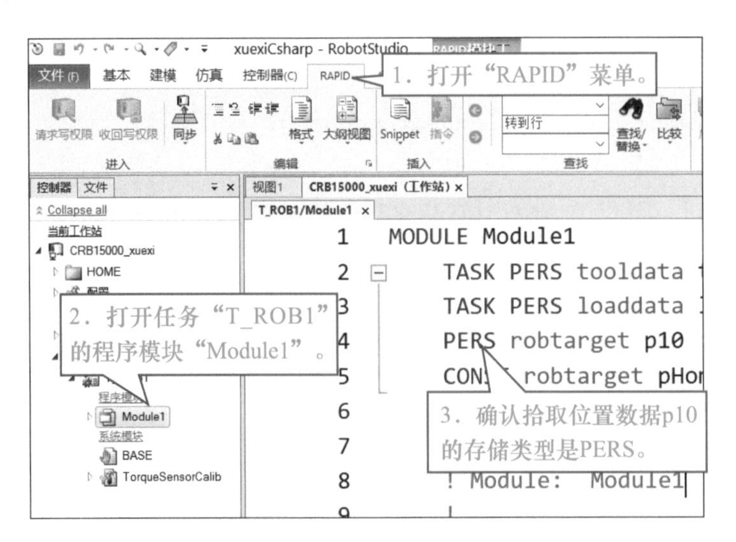

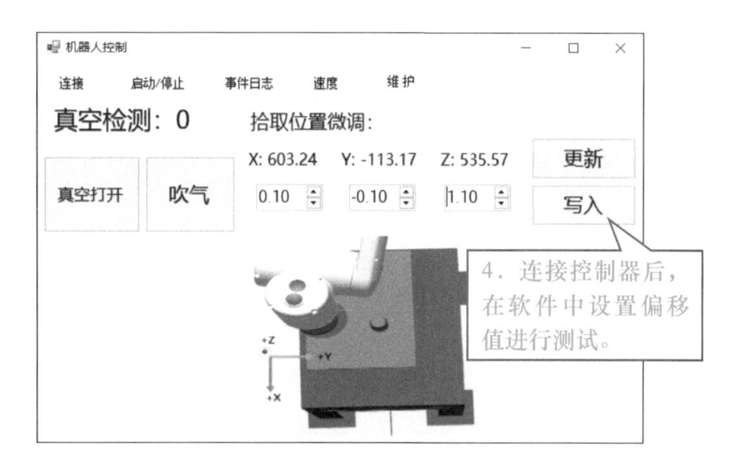

## 任务10-3　梳理知识点

吴　工：叶老师，我跟着你的步骤将软件做出来了，但是有些地方不是很明白，要请教你一下。

叶老师：没问题！我一个个给你讲明白。

### ▶ 10-3-1　如何能准确对接工业机器人的程序数据

要准确对接工业机器人的程序数据，以本情景中的拾取位置数据p10为例进行说明，你要掌握以下的三个信息：

1）程序数据的名字：p10。

2）程序数据所在的程序模块名字：Module1。

3）程序模块所在的任务名字：T_ROB1。

这些信息可以在RobotStudio的RAPID菜单中找到，有了以上的信息就可以在软件中读取程序数据，代码如下：

```
//从工业机器人控制器将坐标程序数据p10赋值到p10Ra
p10Ra = controller1.Rapid.GetRapidData(" T_ROB1" ," Module1" ," p10" );
```

在软件中，如果要向工业机器人系统写入程序数据，则要将程序数据的存储类型设置为PERS。

## ▶ 10-3-2　如何实现每次位置偏移值不超过+/-5mm

为了防止误操作而造成意外发生，所以要对每次位置偏移值限制为+/-5mm。这是通过控件“NumericUpDown”里的属性设置来实现的，具体见表10-11。

表10-11　控件“NumericUpDown”的属性设置

| 属　性 | 说　明 |
|---|---|
| DecimalPlaces | 保留小数点后几位 |
| Increment | 每次增减量 |
| Maximum | 最大值 |
| Minimum | 最小值 |

## ▶ 10-3-3　工业机器人专用的程序数据中的值是如何提取出来的

工业机器人系统中的程序数据类型是工业机器人专用的，那么在软件中提取出来使用是如何实现的？简单总结就两步：

1）从工业机器人系统里提取出来暂存到软件中。

2）根据已知的程序数据的数据类型，进行一次强制类型转换。

在ABB的独有的命名空间中，是有对应工业机器人系统自带的程序类型的类。只有经过强制类型转换后，才能对程序数据里的更小数据成员进行操作，比如RobTarget类型中的坐标值X。如：

```
//从工业机器人控制器将坐标程序数据p10赋值到p10Ra
p10Ra = controller1.Rapid.GetRapidData(" T_ROB1" ," Module1" ," p10" );
//将p10_Ra的值强制转换格式为RobTarget后赋值给p10_Ro
p10_Ro = (RobTarget)p10Ra.Value;
```

## 任务10-4 挑战一下自己

吴　工：叶老师，目前遇到的问题我都弄明白了，并找到了解决的方法。

叶老师：那我就要考考你了！

吴　工：没问题，请出题吧！

- 练习工业机器人实时位置微调功能的开发。
- 练习从工业机器人系统读取一个组输入信号。
- 简述如何在控件“NumericUpDown”中设置上下限值。
- 练习RobTarget程序数据读写的编程。

# 项目11 远程工业机器人系统的备份

## 学习目标

- ✧ 理解远程工业机器人系统的备份要求。
- ✧ 学会远程工业机器人系统备份的开发。
- ✧ 理解工业机器人的用户权限管理。

## 任务11-1　现状把握

叶老师：吴工，今天来晚了！

吴　工：叶老师，今天有点小忙，按照设备管理定期计划，要对全车间的工业机器人做一次备份。刚搞完，就匆匆忙忙地赶过来了。

叶老师：嗯！对设备进行定期备份是预防维护很重要的一部分。我今天就给你介绍一下，你只要轻点一下鼠标，一分钟搞定远程工业机器人系统的备份操作。

吴　工：太好了，我们马上开始吧！

## 任务11-2　实施

叶老师：我们开始吧，准备好了吗？

吴　工：叶老师，没问题。

## ▶ 11-2-1 设计订阅事件的软件界面

实现图11-1所示的布局，这个功能我们在“维护”选项卡里实现。

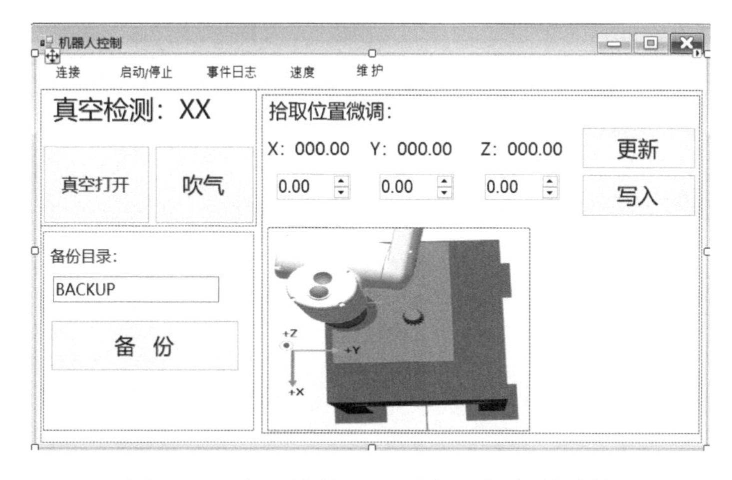


图11-1 在“维护”选项卡里的备份功能

添加的控件大小与字体，请大家根据你软件的整体布局自行设置，这里不做统一约束。

1．添加控件“Panel”，作为放此功能的面板，关键属性设置见表11-1。

表11-1 关键属性设置

| 属 性 | 值 |
|---|---|
| (Name) | panelBackup |

2．在panelBackup中添加控件“Label”，设定表11-2所示的属性。

表11-2 控件“Label”的属性设置

| 属 性 | 值 |
|---|---|
| (Name) | labelBackup |
| Text | 备份目录 |

3．在panelBackup中添加1个控件“textBox”，分别设定表11-3所示的属性。

表11-3 控件“textBox”的属性

| 属 性 | 值 |
|---|---|
| (Name) | textBoxBackup |
| Text | BACKUP |

4．在panelBackup中添加1个控件“Button”，分别设定表11-4所示的属性。

表11-4 控件“Button”的属性

| 属 性 | 值 |
|---|---|
| (Name) | buttonBackup |
| Text | 备份 |

## ▶ 11-2-2 编写事件代码

编写事件代码步骤如下：

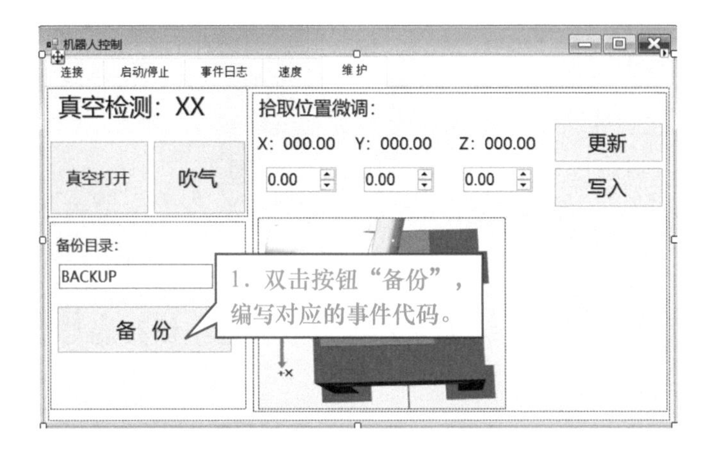


2．输入按钮“备份”的单击事件代码，具体如下：

```
private void buttonBackup_Click(object sender, EventArgs e)
{
    try
    {
        //获取已连接控制器的用户管理信息
        UserAuthorizationSystem UAS = controller1.AuthenticationSystem;
        //检查当前登录用户是否拥有备份的权限
        if (UAS.CheckDemandGrant(Grant.BackupController))
        {
            //将输入textBoxBackup中的文本作为备份的目录
            controller1.Backup(textBoxBackup.Text + ".");
            MessageBox.Show("成功备份到：" + textBoxBackup.Text + ".");
        }
        else
        {
            MessageBox.Show("请先获取备份权限！");
        }
    }
```

```
        catch (Exception ex)
        {
            MessageBox.Show(ex.ToString());
        }
    }
```

## ▶ 11-2-3 在RobotStudio中运行测试

在与本书配套的工业机器人仿真工作站中就可测试软件的备份功能，现已配置好。在测试软件功能前，先确认一下工业机器人备份存放在哪里。

在RobotStudio中，OmniCore虚拟控制器的默认备份目录为：C:\Users\%用户名%\Documents\RobotStudio\Solutions\%工作站名称%\Virtual Controllers\%机器人系统名称%\BACKUP；IRC5虚拟控制器的默认备份目录为：C:\Users\%用户名%\Documents\RobotStudio\Solutions\%工作站名称%\Systems\BACKUP。

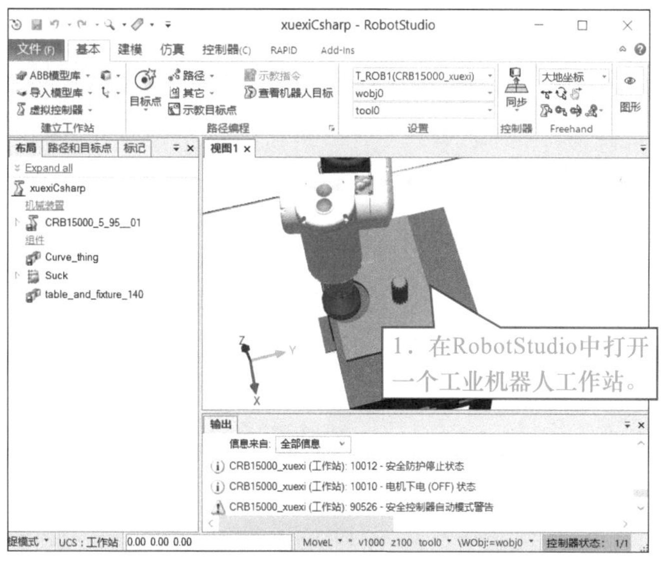


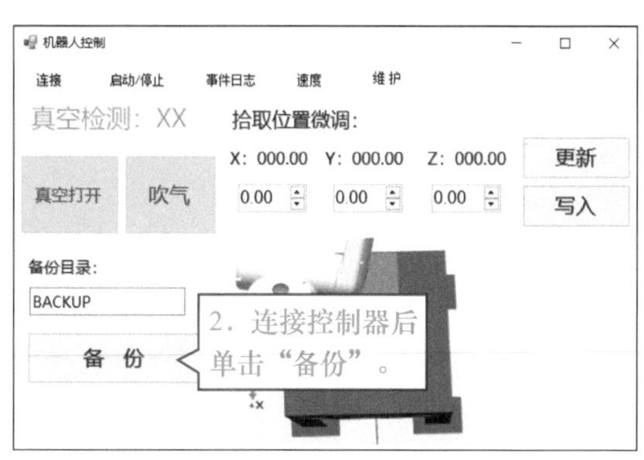


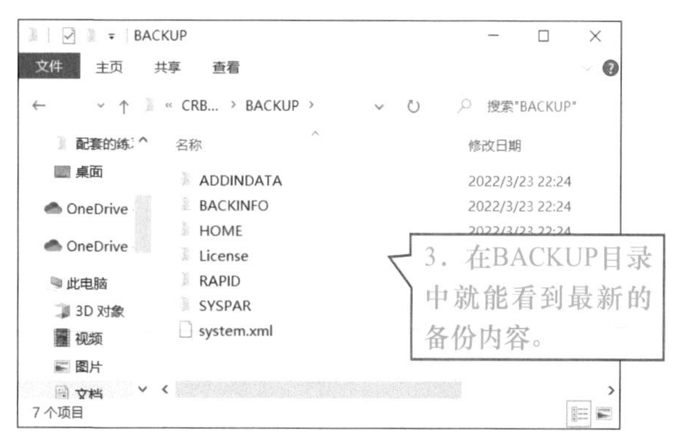

# 任务11-3 梳理知识点

吴　工：叶老师，我跟着你的步骤将软件做出来了，但是有些地方不是很明白，要请教你一下。

叶老师：没问题！我一个个给你讲明白。

## ▶ 11-3-1 关于工业机器人的用户权限管理

ABB工业机器人可以为操作员、编程工程师和维护工程师配置不同的用户权限，这样能有效地提高工业机器人系统的可靠性。

在软件中开发备份功能前，我们要先确认好，当前登录工业机器人系统的用户权限包括备份系统的权限。

在本项目中，工业机器人系统只有一个系统出厂就自带的默认用户具备了全部的权限，如图11-2所示。

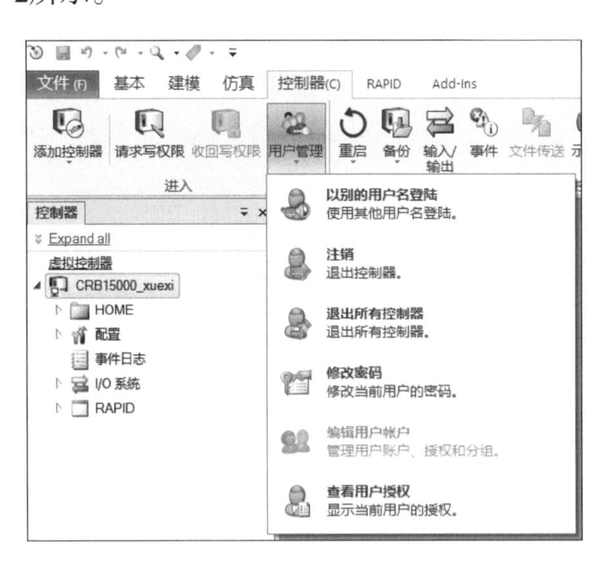


图11-2　在RobotStudio查看用户权限

## ▶ 11-3-2 怎么自定义备份的目录

在软件的备份功能中，有自定义备份目录的功能。具体操作如下：

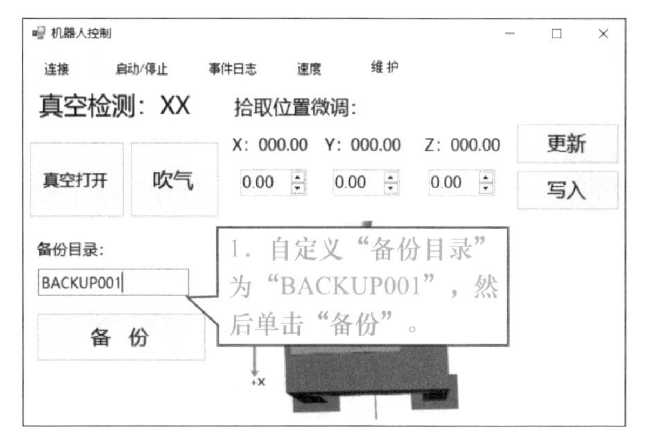


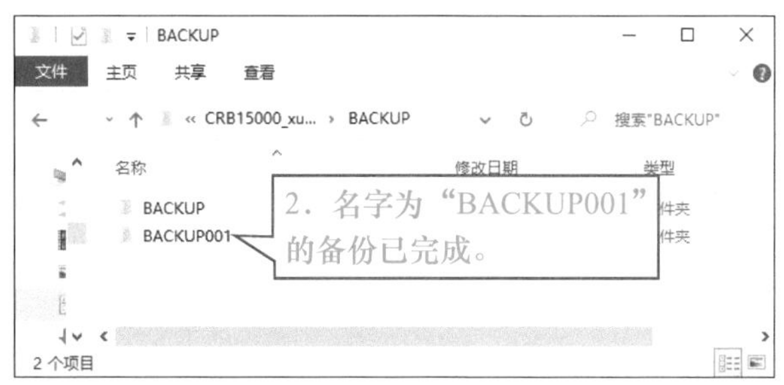


## 注意

如果不变更软件中的备份目录名字，备份时就会对工业机器人系统中同名备份目录内容更新覆盖。

## 任务11-4　挑战一下自己

吴　工：叶老师，目前遇到的问题我都弄明白了，并找到了解决的方法。

叶老师：那我就要考考你了？

吴　工：没问题，请出题吧！

- ○ 练习远程工业机器人系统备份的开发。
- ○ 练习自定义备份目录的工业机器人系统备份操作。
- ○ 简述工业机器人的用户权限管理。

# 项目12 从工业机器人系统自动获取数据更新

## 学习目标

✧ 理解订阅事件的作用。
✧ 学会订阅事件日志与I/O信息的代码开发。
✧ 掌握ABB工业机器人常用的订阅事件。
✧ 学会新建订阅事件的操作。
✧ 掌握指令Invoke的作用。

## 任务12-1　现状把握

**吴　工：** 叶老师，为了更好地使用C#语言进行工业机器人控制软件的开发，我买了一本专门的C#语言教程进行学习。现在，对你教的实例有了更深刻的理解。

**叶老师：** 吴工，我要为你这种认真学习的态度点赞。有了我教你的与实际结合的应用技能，再加上你自己的理论学习，一定会做出优秀的工业应用软件，更好地完成你的工作任务。

**吴　工：** 叶老师，我有一个问题想请教一下。C#的窗体程序开发主要是对控件进行触发，然后编写对应的触发事件。我在教程里看到还有一种叫作订阅事件，它在实际中是如何应用的？

**叶老师：** 订阅事件是一个很有用的功能，它的原理是这样的：比如工业机器人有新的事件日志的事件时，就会对外进行发布，这时，工业机器人控制软件订阅这个发布的事件，就可以第一时间获得订阅的信息更新，如图12-1所示。

图12-1 软件中工业机器人的订阅信息功能

在发布与订阅之间是一个单向的过程，不能进行互操作，如图12-2所示。

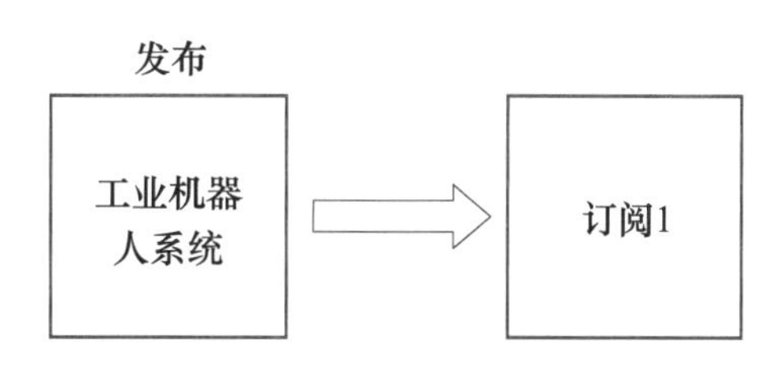


图12-2 工业机器人发布信息

## 任务12-2 实施

叶老师：我们开始吧，准备好了吗？

吴 工：叶老师，没问题。

### 12-2-1 设计订阅事件的软件界面

实现图12-3所示的布局，这个功能通过新创建一个“订阅”选项卡来实现。

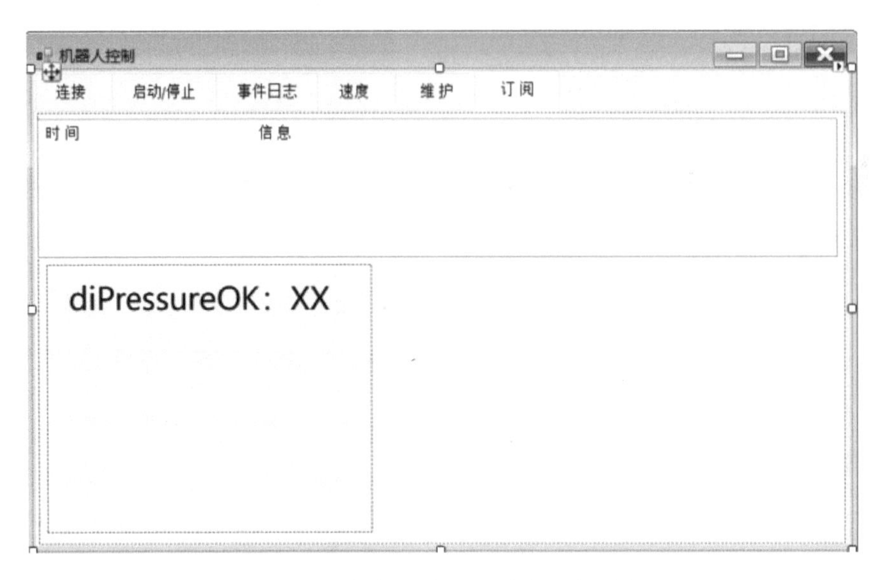


图12-3　软件里的“订阅”选项卡

添加的控件大小与字体，请大家根据你软件的整体布局自行设置，这里不做统一约束。

1．添加控件“ListView”，显示订阅的事件日志，设定两个列名，第一列是“时间”，第二列是“信息”，关键属性设置见表12-1。

表12-1　关键属性设置

| 属　　性 | 值 |
|---|---|
| (Name) | listViewEventLog |

2．添加控件“Panel”，设定表12-2所示的属性。

表12-2　控件“Panel”的属性

| 属　　性 | 值 |
|---|---|
| (Name) | panelDYDI |

3．在panelDYDI中添加1个控件“Label”，分别设定表12-3所示的属性。

表12-3　控件“Label”的属性

| 属　　性 | 值 |
|---|---|
| (Name) | labelDi |
| Text | diPressureOK：×× |

## 12-2-2 编写事件代码

编写事件代码步骤如下：

1．打开文件“Form1.cs”，在最下方空白处输入以下报警信息更新的代码。

```
private void msg_update(object sender, MessageWrittenEventArgs e)
{

    //将更新的报警信息时间放入item的第一列
    ListViewItem item = new ListViewItem(e.Message.Timestamp.ToString());

    //将更新的报警信息标题放入item的第二列
    item.SubItems.Add(e.Message.Title);

    //将对象item中所有的内容加载到listViewEventLog中
    listViewEventLog.Items.Add(item);
}
```

2．继续输入以下I/O信号更新的代码。

```
private void diChanged (object sender, SignalChangedEventArgs e)
{

    //为了防止线程冲突，使用Invoke方法来更新控件labelDi.Text的值
    this.Invoke(new Action(() =>
    {
        labelDi.Text = "diPressureOK: " + diPressureOK_s.Value.ToString();
    }));
}
```

3．编写订阅申请方法，代码如下：

```
private void subscribe()
{
    //实例化一个EventLog类型的对象log，将当前连接控制器实例的事件信息记录
提取出来
    EventLog log = controller1.EventLog;
    //提交一个工业机器人系统新信息更新的订阅
    log.MessageWritten += new EventHandler<MessageWrittenEventArgs>(msg_update);
    //从控制器中提取需要的信号暂存到类型为Signal的对象diPressureOK中
    diPressureOK_s = controller1.IOSystem.GetSignal("diPressureOK");
```

```
    //提交一个工业机器人I/O状态更新的订阅
    diPressureOK_s.Changed += new EventHandler<SignalChangedEventArgs>(diChanged);
}
```

4．在listView1_SelectedIndexChanged事件中，添加如下加粗部分，调用申请订阅方法的代码。

```
private void listView1_SelectedIndexChanged(object sender, EventArgs e)
{
    ListViewItem item1 = this.listView1.SelectedItems[0];
    if (item1.Tag != null)
    {
        ControllerInfo controllerInfo1 = (ControllerInfo)item1.Tag;
        if (controllerInfo1.Availability == Availability.Available)
        {
            if (this.controller1 != null)
            {
                this.controller1.Logoff();
                this.controller1.Dispose();
                this.controller1 = null;
            }
            controller1 = Controller.Connect(controllerInfo1, ConnectionType.Standalone);
            this.controller1.Logon(UserInfo.DefaultUser);
            timer1.Enabled = true;
            panelVacuum.Enabled = true;

            //订阅申请
            subscribe();

            MessageBox.Show("成功登录：" + controllerInfo1.SystemName);
        }
        else
        {
            MessageBox.Show("控制器连接失败！");
        }
    }

}
```

## 12-2-3 在RobotStudio中运行测试

打开与本书配套的工业机器人仿真工作站，开始订阅功能的测试。

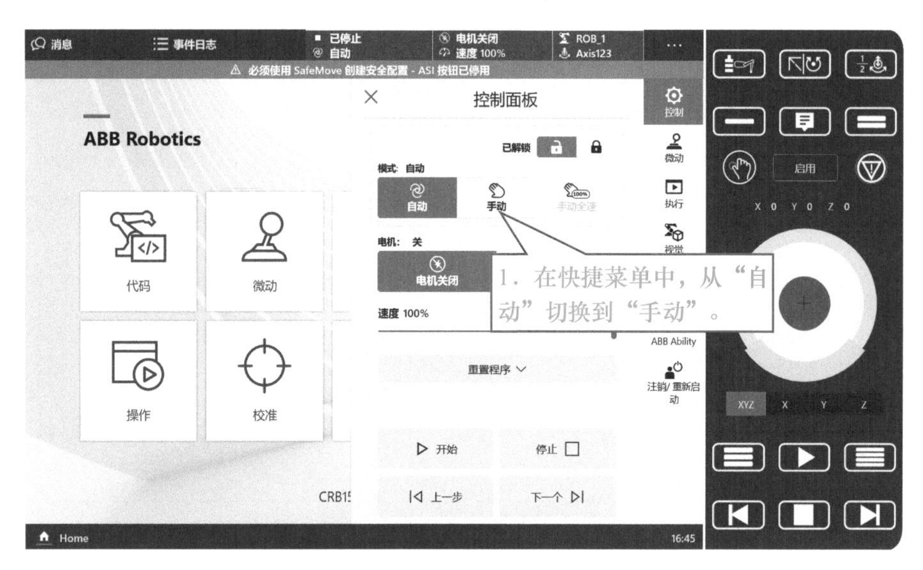


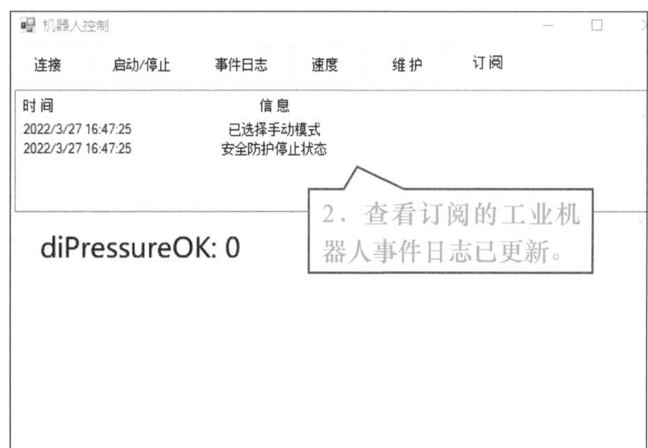

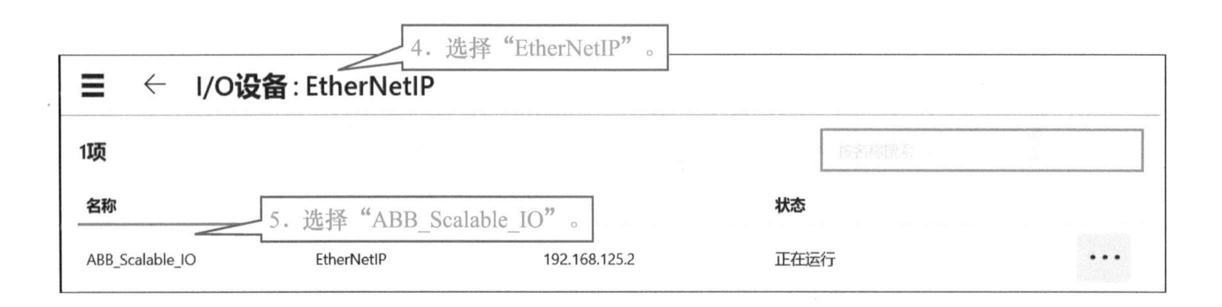
4. 选择“EtherNetIP”。
I/O设备 : EtherNetIP
1项
名称
5. 选择“ABB_Scalable_IO”。
状态
ABB_Scalable_IO
EtherNetIP
192.168.125.2
正在运行

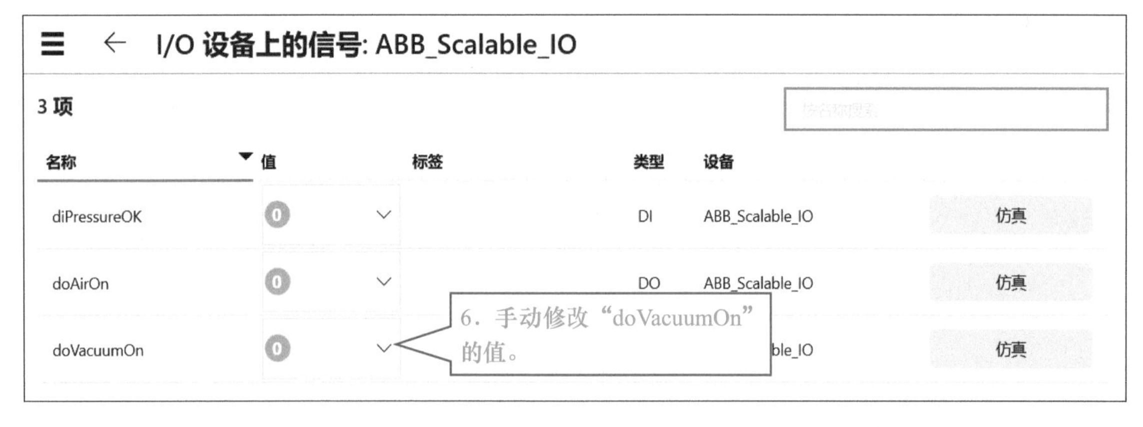
I/O网络
1项
名称
地址
状态
EtherNetIP
-
正在运行
I/O 设备上的信号: ABB_Scalable_IO
3 项
名称
值
标签
类型
设备
diPressureOK
DI
ABB_Scalable_IO
仿真
doAirOn
DO
ABB_Scalable_IO
仿真
doVacuumOn
6. 手动修改“doVacuumOn”的值。
仿真

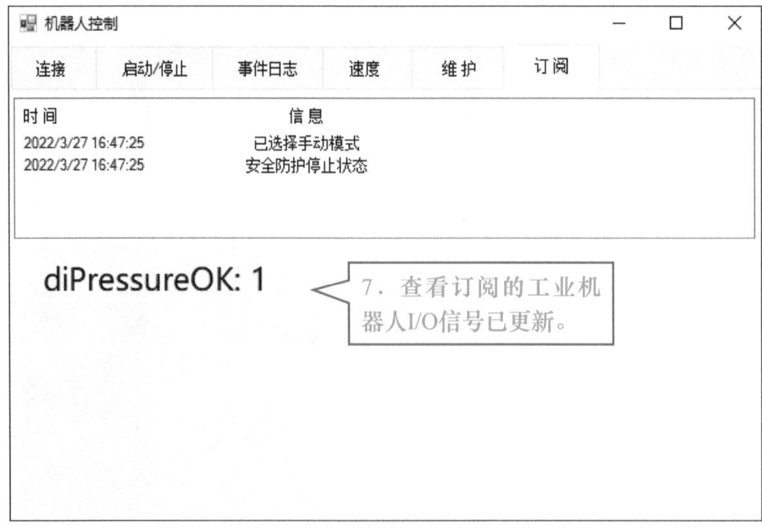
机器人控制
连接
启动/停止
事件日志
速度
维护
订阅
时间
信息
2022/3/27 16:47:25
已选择手动模式
2022/3/27 16:47:25
安全防护停止状态
diPressureOK: 1
7. 查看订阅的工业机器人I/O信号已更新。

# 任务12-3 梳理知识点

吴 工：叶老师，我跟着你的步骤将软件做出来了，但是有些地方不是很明白，要请教你一下。

叶老师：没问题！我一个个给你讲明白。

## 12-3-1 ABB工业机器人订阅事件有哪些

ABB工业机器人对经常进行读取的信息提供了订阅事件的方式，使得与工业机器人的交互更便利。工业机器人控制器中的订阅事件列表见表12-4。

表12-4 工业机器人控制器中的订阅事件列表

| 订阅事件 | 刷新的条件 |
| --- | --- |
| StateChanged | 工业机器人控制器状态变化，如MotorOn、MotorOff |
| OperatingModeChanged | 工业机器人控制器操作模式变化，如Manual、Auto |
| ExecutionStatusChanged | 工业机器人的运行模式变化，如Running、Stop |
| Changed | I/O状态或值变化时 |
| MessageWritten | 事件日志产生新的消息时 |
| ValueChanged | 存储类型为PERS的程序数据变化 |

在软件中开发备份功能前，我们要先确认好，当前登录的工业机器人系统的用户权限包括备份系统的权限。

## 12-3-2 新建一个订阅事件是怎么做的

我们就以本项目中事件日志的订阅事件为例进行说明：

1．编写当订阅事件发生更新时，事件日志如何进行显示的代码。

```
private void msg_update(object sender, MessageWrittenEventArgs e)
{

    //将更新的报警信息时间放入item的第一列
    ListViewItem item = new ListViewItem(e.Message.Timestamp.ToString());
```

```
        //将更新的报警信息标题放入item的第二列
        item.SubItems.Add(e.Message.Title);

        //将对象item中所有的内容加载到listViewEventLog中
        listViewEventLog.Items.Add(item);
    }
```

2．编写申请订阅方法的代码。

```
    private void subscribe()
    {
        //实例化一个EventLog类型的对象log，将当前连接控制器实例的事件信息记录
提取出来
        EventLog log = controller1.EventLog;
        //提交一个工业机器人系统新信息更新的订阅
        log.MessageWritten += new EventHandler<MessageWrittenEventArgs>(msg_update);
    }
```

3．将申请订阅的方法放到连接工业机器人控制器的事件中去激活。

## ▶12-3-3　要取消订阅事件应该怎么做

取消订阅事件是新建订阅事件的反操作，具体的代码如下：

```
//提交一个工业机器人系统新信息更新的订阅
log.MessageWritten += new EventHandler<MessageWrittenEventArgs>(msg_update);
```

```
//取消一个工业机器人系统新信息更新的订阅
log.MessageWritten -= new EventHandler<MessageWrittenEventArgs>(msg_update);
```

## ▶12-3-4　指令Invoke的作用

Windows GUI编程有一个规则，就是只能通过创建控件的线程来操作控件的数据，否则就可能产生不可预料的结果。

在本项目中，我们订阅了一个I/O信号diPressureOk。实际上，是根据订阅事件来更新一个控件Label，名字叫作labelDi的文本内容的变化。labelDi是主线程中

存在的一个控件对象，在一个子线程中如果订阅事件中改变文本的值，在某些情况下可能会引发异常报警，但不是一定会发生。随着软件功能的增加，代码的复杂性也在不断累积，引发异常报警的可能性会大大增加。为了避免该问题，需要在子线程中使用Invoke方法来封装刷新文本内容的函数。代码参考如下：

```
//为了防止线程冲突，使用Invoke方法来更新控件labelDi.Text的值
this.Invoke(new Action(( ) =>
{
    labelDi.Text = "diPressureOK: " + diPressureOK_s.Value.ToString();
}));
```

如果对更新的速度没有很高的要求，可以使用BeginInvoke。

Invoke与BeginInvoke的区别在于，Invoke会阻塞当前线程，直到Invoke调用结束，才会继续执行下去；而BeginInvoke则可以异步进行调用，也就是该方法发送完毕后马上返回，不会等待委托方法的执行结束，调用者线程将不会被阻塞。

## 任务12-4 挑战一下自己

**吴　工**：叶老师，目前遇到的问题我都弄明白，并找到了解决的方法。
**叶老师**：那我就要考考你了。
**吴　工**：没问题，请出题吧！

- 简述订阅事件的作用。
- 练习订阅工业机器人事件日志与I/O信号的开发。
- 列出常用ABB工业机器人常用订阅事件。
- 简述Invoke与BeginInvoke的区别。

# 项目13 软件的发布与便捷操作技巧

## 学习目标

✧ 掌握软件的发布操作。

✧ 掌握Visual Studio编程的便捷操作技巧。

## 任务13-1 现状把握

吴 工：叶老师，我在公司的技术交流会议上，对工业机器人控制软件的开发、使用和迭代更新的经验进行了分享。二车间的技术主管迫不及待地找我要这个软件，部署到二车间的工业机器人工作站进行试用。但是，你好像还没有教我如何将写好的软件给别人用。还有什么绝招，在这里都教教我，好吗？谢谢！

叶老师：吴工，你所开发的软件在经过功能测试，并经过一个完整周期的实际使用将发现的问题解决后，可以进行发布。如果你有时间，我再给你讲讲关于Visual Studio与写代码有关的实用技巧，相信你一定能事半功倍。

吴 工：叶老师，这个工业软件的开发已基本完成，是不是就不能再向你请教问题了？

叶老师：这个工业软件项目结束了，我们还是可以互相交流与学习的。那我问你一个问题，经过这个工业软件开发项目，你能总结一下工业软件的一般开发步骤吗？

吴 工：叶老师，可以的。

# 任务13-2 实施

叶老师：我们开始吧，准备好了吗？

吴　工：叶老师，没问题。

## ▶ 13-2-1 发布你的第一个软件

我们之前在完成了代码的开发以后，都是生成调试（Debug）版本进行软件的调试。如图13-1所示。

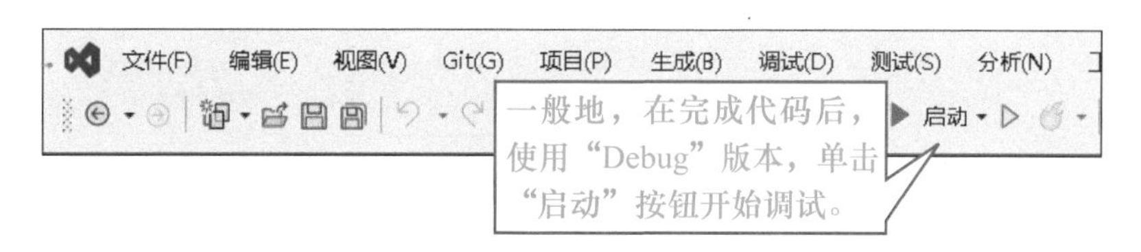


图13-1　用Debug版本进行调试

如果调试完成，要将软件发布出去，给别的设备使用的话，可按照以下的操作进行：

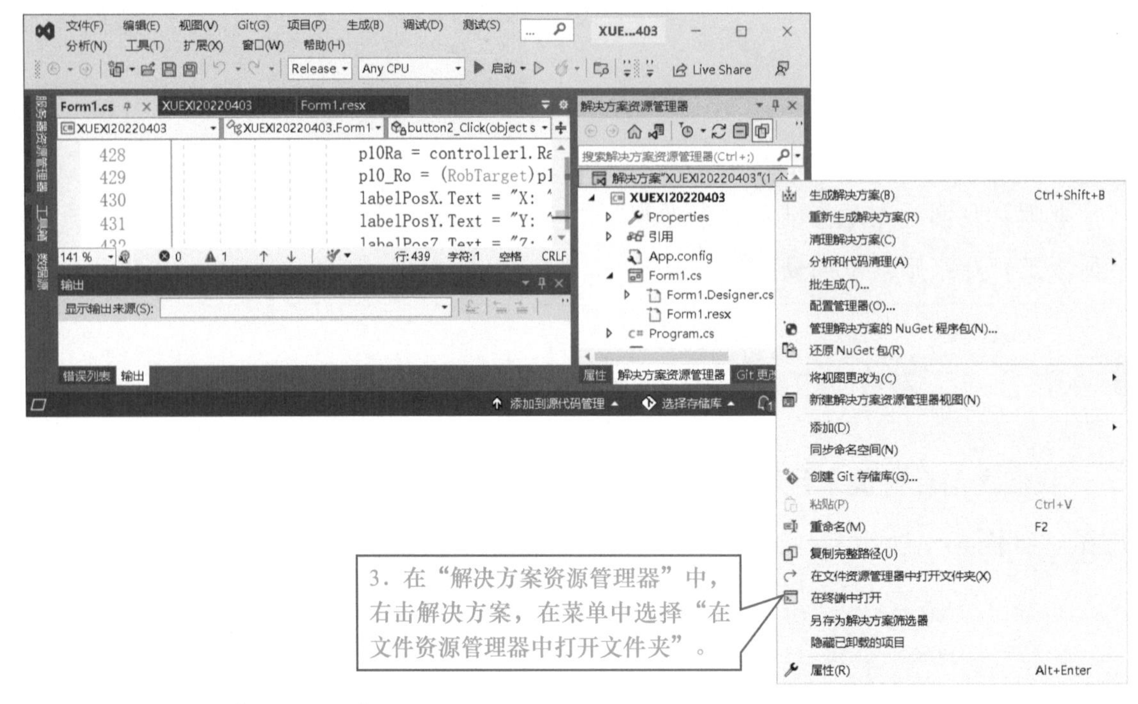


4．进入目录“\bin\Release”。

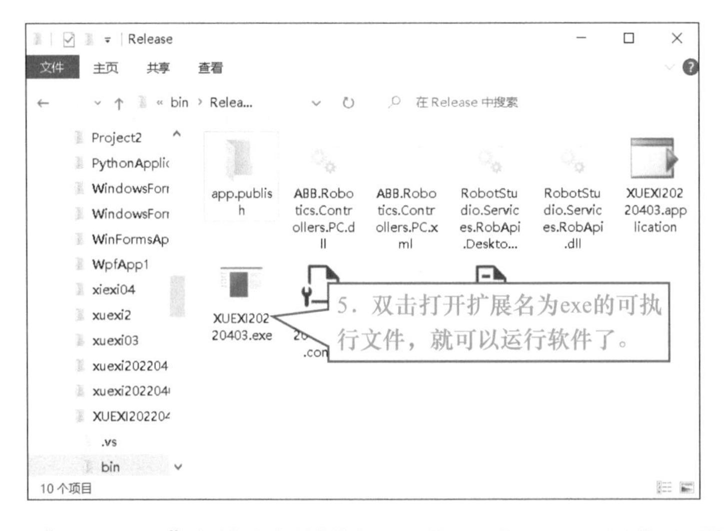


6．将整个目录“\bin\Release”复制到别的计算机上，就可以使用了。可以使用压缩软件进行压缩后再复制，会更方便。

## ▶13-2-2　Visual Studio的实用技巧

### 1．快速缩放查看代码

如果想快速查看当前位置代码的上下行的联系，可以通过<Ctrl>键+滚动鼠标滚轮快速将代码缩小来实现。而将代码放大在输入代码的时候能更好地看清楚代码。如图13-2所示。

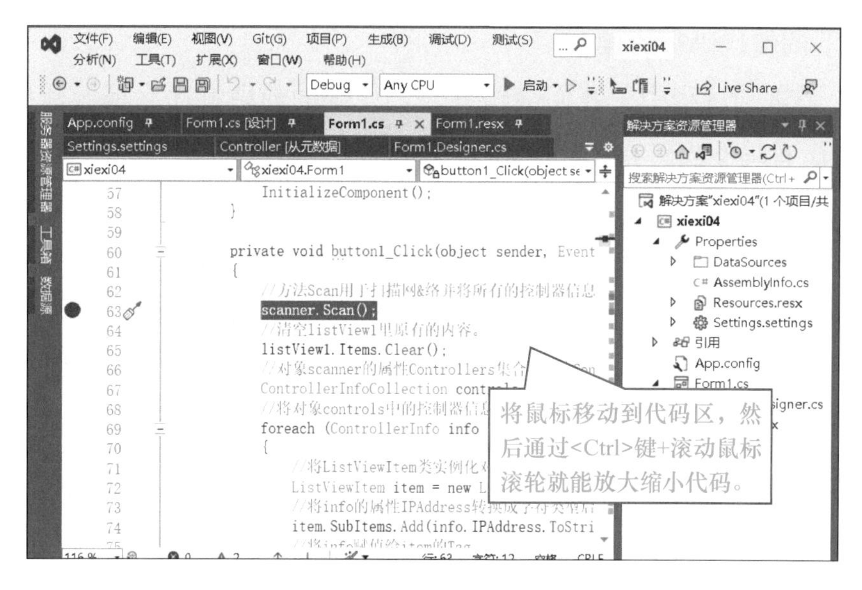


图13-2 可以使用鼠标滚轮快速缩放查看代码

2．在剪贴板里选择要粘贴的代码

在开发软件时，我们经常会进行代码复制、粘贴的操作。按快捷方式Ctrl+V键，只能将复制的代码进行粘贴，若想使用上一次复制的内容，你可能会重新再复制一下。其实Visual Studio附带了一个剪贴板历史记录，默认包含你复制到剪贴板的最后20项记录。通过按Ctrl + Shift + V键，可以打开剪贴板的历史记录，如图13-3所示。

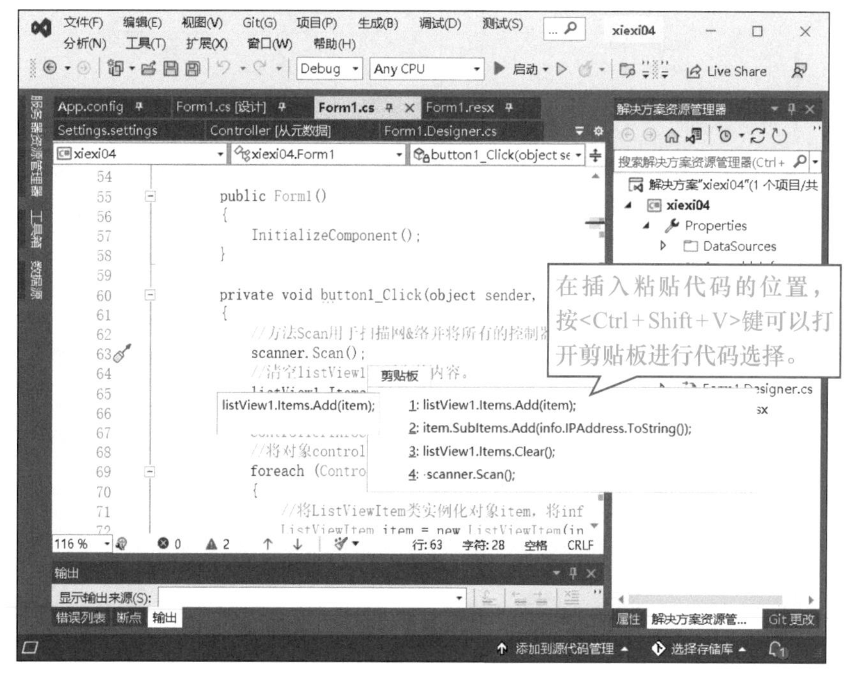


图13-3 在剪贴板里选要粘贴的代码

3．上下调整代码行的操作

在代码调试的过程中，我们会经常微调代码的前后顺序，那么代码的位置调换的快捷操作有吗？当然有，如图13-4所示。

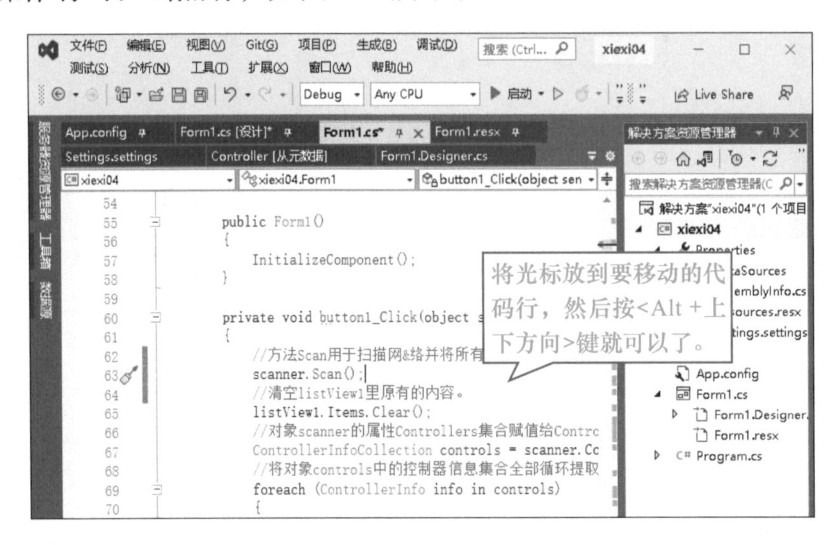


图13-4　快速上下调整代码行

4．高效使用代码联想功能

试问一下谁能够将C#自带的代码和实际调用的DLL中的类都一字不差的记下来？估计这是相关困难的。所以，在输入代码时，Visual Studio会根据你已输入的内容进行联想，帮助更快更准确地输入代码，就好像我们使用输入法一样。如图13-5所示。

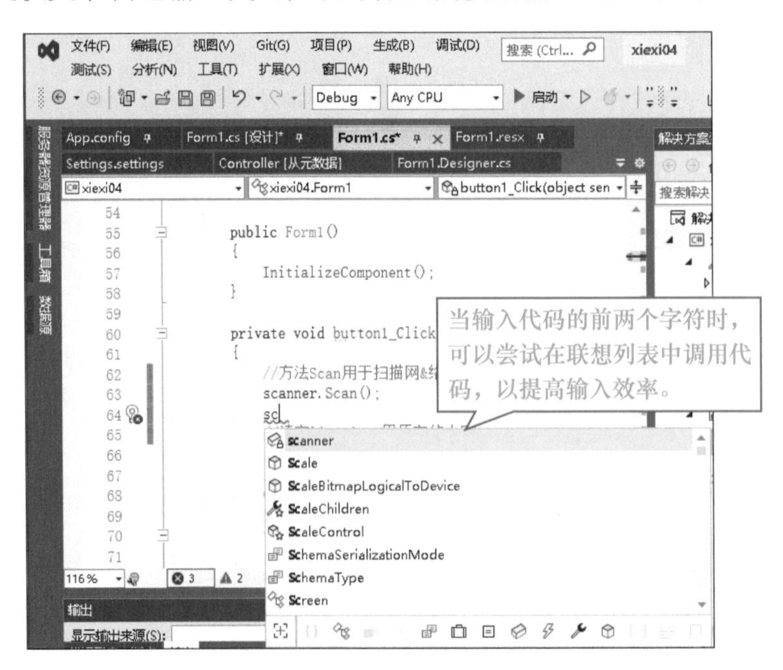


图13-5　输入代码时可以使用代码联想功能

以上的技巧只是最常用的一些技巧，希望能够抛砖引玉。大家可以上网搜索或在平常使用中进行总结，不断提升编程的效率。

### ▶ 13-2-3　工业软件的一般开发步骤

经过之前的项目执行学习，现在大家应该具备了针对工业机器人的工业软件开发能力。现在对工业软件必要的开发调试一般步骤进行了归纳总结，如表13-1所示。

表13-1　工业软件的开发步骤

| 步　骤 | 内　容 |
|---|---|
| 1 | 开发软件的安装与使用准备 |
| 2 | 现状的把握 |
| 3 | 软件功能的确定 |
| 4 | 设计软件的操作界面 |
| 5 | 编写响应软件操作界面的代码 |
| 6 | 对软件的功能进行调试 |
| 7 | 发布软件 |
| 8 | 根据使用反馈的问题进行软件的迭代 |

## 任务13-3　梳理知识点

吴　工：叶老师，这个项目还有些地方不是很明白，要请教你一下。
叶老师：没问题！我一个个给你讲明白。

### ▶ 13-3-1　解决方案配置选择Debug或Release有何区别

我们进行软件生成并调试时，是可以选择解决方案配置的，如图13-6所示。

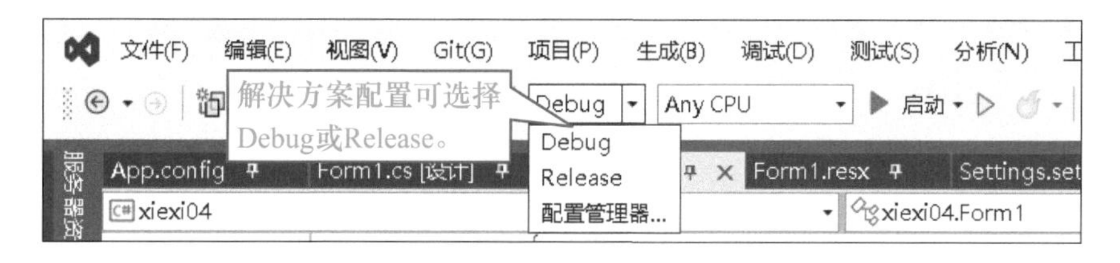


图13-6　解决方案配置的选择

Debug是“调试”的意思，是为调试而生的，编译器在生成Debug版本的程序时会加入调试辅助信息，并且很少会进行优化，程序还是“原汁原味”的。

Release是“发行”的意思，就是可以最终交给用户的程序，编译器会使尽浑身解数对它进行优化，以提高执行效率，最终的运行结果仍然是我们期望的，但底层的执行流程可能已经改变。编译器还会尽量降低Release版本的体积，把没用的数据一律剔除，包括调试信息。最终，Release版本是一个小巧精悍、非常纯粹、为用户而生的程序。

Debug版本的存在是为了方便程序员开发和调试，性能和体积不是它的重点；Release版本是最终交给用户的程序，性能和体积是需要重点优化的两个方面。

在开发过程中，我们一般使用Debug版本，只有等到开发完成，确认没有任何问题之后，希望交给用户时再生成Release版本。

### ▶ 13-3-2　如何跟着叶晖老师学习智能制造领域工业IT相关的实操技能

叶晖老师长期工作在智能制造与工业机器人应用的第一线，熟悉智能制造主要行业的工业机器人应用，积累了丰富的智能制造现场实战经验。未来，智能制造与IT的融合会越来越紧密，速度会越来越快，叶晖老师会将相关的知识源源不断地与大家分享。大家可在微信公众号、知乎、哔哩哔哩和抖音关注“叶晖yehui”的更新，一起交流与讨论。

## 任务13-4　挑战一下自己

吴　工：叶老师，目前遇到的问题我都弄明白了，并找到了解决的方法。
叶老师：那我就要考考你了？
吴　工：没问题，请出题吧！

- ○ 简述软件发布的操作流程。
- ○ 简述工业软件开发的基本步骤。